Tucholsky   Wagner   Zola   Scott   Sydow   Freud   Schlegel
Turgenev   Wallace   Fonatne
Twain   Walther von der Vogelweide   Fouqué   Friedrich II. von Preußen
Weber   Freiligrath   Frey
Fechner   Fichte   Weiße Rose   von Fallersleben   Kant   Ernst   Frommel
Richthofen
Hölderlin
Engels   Fielding   Eichendorff   Tacitus   Dumas
Fehrs   Faber   Flaubert   Eliasberg   Ebner Eschenbach
Feuerbach   Maximilian I. von Habsburg   Fock   Eliot   Zweig
Ewald   Vergil
Goethe   London
Mendelssohn   Balzac   Shakespeare   Elisabeth von Österreich   Dostojewski   Ganghofer
Trackl   Lichtenberg   Rathenau   Doyle   Gjellerup
Stevenson   Hambruch
Mommsen   Tolstoi   Lenz   Droste-Hülshoff
Thoma   von Arnim   Hägele   Hanrieder
Dach   Verne   Hauff   Humboldt
Karrillon   Reuter   Rousseau   Hagen   Hauptmann   Gautier
Garschin
Damaschke   Defoe   Hebbel   Baudelaire
Descartes   Schopenhauer   Hegel   Kussmaul   Herder
Wolfram von Eschenbach   Darwin   Dickens   Grimm Jerome   Rilke   George
Bronner   Melville   Bebel
Campe   Horváth   Aristoteles   Barlach   Proust
Bismarck   Vigny   Voltaire   Federer   Herodot
Gengenbach   Heine
Storm   Casanova   Tersteegen   Gilm   Grillparzer   Georgy
Chamberlain   Lessing   Langbein   Gryphius
Brentano   Lafontaine
Strachwitz   Claudius   Schiller   Kralik   Iffland   Sokrates
Bellamy   Schilling
Katharina II. von Rußland   Gerstäcker   Raabe   Gibbon   Tschechow
Löns   Hesse   Hoffmann   Gogol   Wilde   Gleim   Vulpius
Luther   Heym   Hofmannsthal   Klee   Hölty   Morgenstern   Goedicke
Roth   Heyse   Klopstock   Kleist
Luxemburg   Puschkin   Homer   Mörike
La Roche   Horaz   Musil
Machiavelli   Kierkegaard   Kraft   Kraus
Navarra   Aurel   Musset   Lamprecht   Kind   Kirchhoff   Hugo   Moltke
Nestroy   Marie de France
Laotse   Ipsen   Liebknecht
Nietzsche   Nansen   Ringelnatz
Marx   Lassalle   Gorki   Klett   Leibniz
von Ossietzky   May   vom Stein   Lawrence   Irving
Petalozzi   Platon   Knigge
Sachs   Pückler   Michelangelo   Kock   Kafka
Poe   Liebermann
de Sade   Praetorius   Mistral   Zetkin   Korolenko

La casa editrice tredition di Amburgo pubblica nell'ambito della collana **TREDITION CLASSICS** opere datate più di 2000 anni. Queste opere erano in gran parte esaurite o reperibili solo come pezzi d'antiquariato.

La serie di libri contribuise a preservare la letteratura e a promuovere la cultura. Essa aiuta inoltre ad evitare che migliaia di opere cadano nel dimenticatoio.

Il simbolo della collana **TREDITION CLASSICS** è Johannes Gutenberg, l'inventore della stampa a caratteri mobili.

L'obiettivo della serie **TREDITION CLASSICS** è di ripubblicare migliaia di classici della letteratura mondiale in diverse lingue... in tutto il mondo!

Tutte le opere di questa collana sono disponibili in edizione tasca-bile e in edizione rilegata. Ulteriori informazioni a riguardo sono disponibili presso il sito ufficiale: www.tredition.de

tredition è stata fondata nel 2006 da Sandra Latusseck e Soenke Schulz. Dalla sua sede di Amburgo, Germania, tredition offre soluzioni per la pubblicazione, in combinazione con la distribuzione internazionale di libri stampati e digitali. tredition è strutturata per dare una possibilità unica ad autori e case editrici di pubblicare libri alle proprie condizioni e senza i rischi legati alla pubblicazione convenzionale.

Per ulteriori informazioni vi preghiamo di visitare: www.tredition.de

La Vita Sul Pianeta Marte

G. V. (Giovanni Virginio) Schiaparelli

Note legali

Quest'opera fa parte della collana di libri TREDITION CLASSICS.

Autore: G. V. (Giovanni Virginio) Schiaparelli
Cover design: toepferschumann, Berlino (Germania)

Casa editrice: tradition GmbH, Amburgo (Germania)
ISBN: 978-3-8491-2121-1

www.tredition.com
www.tredition.de

Il contenuto di questo libro proviene da materiale di dominio pubblico.

L'obiettivo della collana TREDITION CLASSICS è di rendere nuovamente disponibili, in forma stampata, i classici della letteratura internazionale. Appassionati di letteratura e organizazzioni come il Progetto Gutenberg, in tutto il mondo, hanno scannerizato e messo a disposizione le versioni digitali dei testi originali. tradition li ha rielaborati e ridisegnati in un layout attuale e moderno. Per questo motivo non possiamo garantire la riproduzione esatta dei formati e contenuti orginali di ogni singola edizione storica. Si prega di notare, in particolar modo, che non sono state eseguite modifiche o correzioni concernenti l'ortografia. Per questo i testi potrebbero contenere forme superate o in contrasto con l'ortografia

Giovanni Virginio Schiaparelli

LA VITA SUL PIANETA MARTE

I. IL PIANETA MARTE - Estratto dai fascicoli N.i 5 e 6
   1 e 15 febbraio 1893 della Rivista "Natura ed Arte"

II. LA VITA SUL PIANETA MARTE - Estratto dal fascicolo N.° 11
   Anno IV - 1895 della Rivista "Natura ed Arte"

III. IL PIANETA MARTE - Estratto dalla rivista Natura ed Arte,
   Anno XIX, n° 1,1° dicembre 1909

GIOVANNI SCHIAPARELLI

IL PIANETA MARTE

Estratto dai fascicoli N.i 5 e 6 1 e 15 febbraio 1893 della Rivista "Natura ed Arte"

Nelle belle sere dell'autunno passato una grande stella rossa fu veduta per più mesi brillare sull'orizzonte meridionale del cielo; era il pianeta Marte, che si accostava per qualche tempo alla Terra in una delle sue apparizioni, solite a ripetersi ad intervalli di 780 giorni. Nella schiera degli otto pianeti principali Marte occupa, per volume, il penultimo luogo; il solo Mercurio è più piccolo di lui. Ma in certe posizioni, in cui egli ritorna ad intervalli di sedici anni, Marte può avvicinarsi alla Terra più dell'usato, brillando più di ogni altro pianeta, Venere sola eccettuata; ed in tali contingenze tanto arde di luce rossa, da meritar il nome, che i Greci gli diedero, di _Pyrois_(infocato). Nei tempi ormai per sempre passati, quando si pretendeva di leggere in cielo l'avvenire degli umani eventi, queste grandi apparizioni di Marte erano lo spavento dei popoli, e davano molto da fare agli astrologi, ai quali incombeva il compito, non sempre facile, di studiare l'influsso del pianeta sulle vicende guerresche e sulle costellazioni politiche del momento. Anche ora la grande apparizione testè avvenuta di Marte ha destato il pubblico interesse; ma per una ragione ben diversa. Oggi è nata presso alcuni la speranza, che da osservazioni diligenti fatte sulla sua superficie con giganteschi telescopi, si possa ottenere quando che sia la soluzione di un gran problema cosmologico; arrivar cioè a sapere, se i corpi celesti possano dirsi sede di esseri intelligenti, o, almeno, di esseri organizzati.

L'idea di popolare gli astri e le sfere celesti d'intelligenze pure o corporee, di animali e di piante, non è nuova; ed una curiosa rassegna sarebbe a farsi di tutti gli scrittori antichi e moderni che si esercitarono su questo tema, incominciando dal _Sogno di Scipione_ di Cicerone, e dalla _Storia veridica_ di Luciano Samosatese, e venendo già per Dante, Giordano Bruno, Ugenio e Kircher a quegli eleganti novellatori francesi Cyrano di Bergorac, Fontenelle, Voltaire, i quali posero negli spazi celesti il teatro delle loro argute o satiriche descrizioni, per arrivare in ultimo al celebre Hans Pfaal d'Amsterdam, ben noto ai lettori di Edgar Poe. La maggior parte di questi scritti però o professano di esser pure immaginazioni poetiche, o sono scherzi di ingegno dei quali il vero pregio deve cercarsi in tutt'altra parte che in una seria discussione dell'argomento di cui stiamo discorrendo. Ma nel presente secolo diversi scrittori tentarono di elevare la pluralità dei mondi abitati alla dignità di questione filosofica. Lasciando da parte le sedicenti rivelazioni degli spiritisti, che ai nostri tempi hanno rinnovato ed anzi superato le visioni di Swedenborg, basterà nominare Giovanni Reynaud (*Terre et Ciel*) e Davide Brewster (*More Worlds than one*) i quali collocarono negli astri le speranze della nostra vita futura e seppero trovare, non dirò dimostrazioni (che in questa materia non ve n'è) ma pensieri ed aspirazioni che ebbero e sempre avranno eco vivissima nel sentimento di molti. Metafisica per metafisica, preferiamo questa ai dogmi brutali e scoraggianti del materialismo. Quanto ai teologi cristiani, essi, seguendo l'esempio di San Tommaso, quasi tutti osteggiarono l'idea che possano esistere altri mondi simili al mondo terrestre. Dico, quasi tutti, perchè noi leggiamo in uno di loro, a cui certamente nessuno ha potuto far rimprovero d'empietà, le parole seguenti[1]

"Il creato, che contempla l'astronomo, non è un semplice ammasso di materia luminosa; è un prodigioso organismo, in cui, dove cessa l'incandescenza della materia, incomincia la vita. Benchè questa non sia penetrabile ai suoi telescopii, tuttavia, dall'analogia del nostro globo, possiamo argomentarne la generale esistenza negli altri. La costituzione atmosferica degli altri pianeti, che in alcuno è cotanto simile alla nostra, e la struttura e la composizione delle stelle simile a quella del nostro sole, ci persuadono che essi, o sono in uno stadio simile al presente del nostro sistema, o percorrono taluno di quei periodi, che esso già percorse, o è destinato a percorrere. Dall'immensa varietà delle creature che furono già e che sono sul nostro globo, possiamo argomentare le diversità di quelle che possono esistere in altri. Se da noi l'aria, l'acqua e la terra sono popolate da tante varietà di esse, che si cambiarono le tante volte al mutare delle semplici circostanze di clima e di mezzo; quante più se ne devon trovare in quegli sterminati sistemi, ove gli astri secondarii son rischiarati talora non da uno, ma da più Soli alternativamente, e dove le vicende climateriche succedentisi del caldo e del freddo devono essere estreme per le eccentricità delle orbite, e per le varie intensità assolute delle loro radiazioni, da cui neppure il nostro Sole è esente!

"Sarebbe però ben angusta veduta quella di voler modellato l'Universo tutto sul tipo del nostro piccolo globo, mentre il nostro stesso relativamente microscopico sistema ci presenta tante varietà; nè è filosofico il pretendere che ogni astro debba esser abitato come il nostro, e che in ogni sistema la vita sia limitata ai satelliti oscuri. È vero, che essa da noi non può esistere che entro confini di temperatura assai limitati, cioè tra 0° e 40°-45° gradi centesimali, ma chi può sapere se questi non sono limiti solo pei nostri organismi? Tuttavia, anche con questi limiti, se essa non potrebbe esistere negli astri infiammati, questi astri maggiori avrebbero sempre nella creazione il grande ufficio di sostenerla, regolando il corso dei corpi secondarii mediante l'attrazione delle loro masse, e di avvivarle colla luce e col calore. E qual sorpresa sarebbe, se fra tanti milioni, anche molti e molti di questi sistemi fossero deserti? Non vediamo noi che sul nostro globo regioni, in proporzioni assai estese, sono incapaci di vita? L'immensità della fabbrica, non verrebbe perciò meno alla sua dignità, nè allo scopo inteso dell'Architetto.

"La vita empie l'universo, e colla vita va associata l'intelligenza; e come abbondano gli esseri a noi inferiori, così possono in altre condizioni esisterne di quelli immensamente più capaci di noi. Fra il debole lume di questo raggio divino, che rifulge nel nostro fragile composto, mercè del quale potemmo pur conoscere tante meraviglie, e la sapienza dell'autore di tutte le cose è una infinita distanza, che può essere intercalata da gradi infiniti delle sue creature, per le quali i teoremi, che per noi son frutto di ardui studi potrebbero essere semplici intuizioni".

Mi son permesso di trascrivere questo passo del Secchi, perchè è difficile dir più e meglio in sì poche parole. Ai nostri tempi la dottrina della pluralità dei mondi abitati da esseri viventi ed intelligenti ha trovato un ardente apostolo in Camillo Flammarion. Questo dotto ed immaginoso scrittore, nel quale la scienza copiosa ed ordinata dei fatti d'osservazione non impedisce l'esercizio di una fantasia potente e della più seducente eloquenza, già da trent'anni va svolgendo la questione sotto i suoi varii aspetti in diverse opere, le quali e da chi consente, e da chi dubita si fanno leggere assai volentieri[2]. Egli si è proposto di sottrarre questo tema alla fantasia dei poeti ed all'arbitrio dei novellieri, e di circondare l'ipotesi della pluralità dei mondi abitati con tutto l'apparato scientifico, che oggi è possibile chiamare in suo soccorso; di darle così tutto quel grado di logica consistenza e di probabilità empirica di cui è capare. "Faire converger toutes les lumières de la science vers ce grand point, la Vie universelle; l'éclairer dans son aspect réel; établir ses rayonnements immenses et montrer qu' il est le but mystérieux autour du quel gravite la création toute entière; agrandir ainsi jusque par de là les bornes du visible le domaine de l'existence vitale, si longtemps confiné à l'atome terrestre; déchirer les voiles qui nous cachaient le règne de l'existence à la surface des mondes; et sur la vie à l'infini répandue permettre à la pensée de planer dans son auréole glorieuse; c'est là, selon nous, un problème, dont la solution importe à notre temps". Questo è lo splendido programma al quale il cosmologo francese ha consacrato il suo ingegno e la sua varia coltura. Leggendo le sue pagine animate da calda eloquenza ed ardenti del desiderio dell'ignoto, si è tratti ad esclamare coll'Ettore virgiliano:

Si Pergama dextra Defendi possent, certe hoc defensa fuissent

Se fosse stato possibile dimostrare la esistenza della vita e dell'intelligenza nei globi celesti con altri argomenti, che con quelli della diretta osservazione, nessuno più del Flammarion avrebbe meritato di farlo. Ma pur troppo è da confessare che, quanto a risultati di osservazione, finora abbiamo poche speranze e nessun fatto. La Luna, che di tutti gli astri è senza paragone il più prossimo a noi, e nella quale oggetti di 400 e 500 metri di diametro sono visibili senza troppa difficoltà nei potenti telescopi del tempo moderno, la Luna non ha dato fatti, e non dà neppure speranze. Più la si esamina, e più si ha ragione di credere, che sia un deserto di aride rupi, privo d'ogni elemento necessario alla vita organica. Nè fatti, nè speranze si possono avere dallo studio della superficie di Venere, che fra tutti i pianeti è quello che può avvicinarsi maggiormente alla Terra. La sua atmosfera è perpetuamente ingombra di dense nuvole, le quali finora hanno impedito, ed impediranno probabilmente ancora per lunghi secoli (se non per sempre) di conoscere i particolari del suo corpo solido, e quanto su di esso avviene. Per ragioni non dissimili (a cui si aggiunge la grande lontananza) nulla avremo a sperare in quest'ordine di idee dallo studio dei grandi pianeti superiori, Giove, Saturno, Urano, e Nettuno. Quanto a Mercurio, le sue osservazioni sono di una estrema difficoltà, avviluppato com'egli è di continuo nella luce del Sole; tanto, che solamente negli ultimi anni è stato possibile discernervi entro qualche macchia con sufficiente frequenza e determinare il vero periodo della sua rotazione. Non parliamo nè del Sole, nè delle stelle, nè delle comete, nè delle nebule; tutti corpi, dei quali la costituzione fisica non sembra propria alla produzione e alla conservazione della vita, almeno nelle forme con cui noi l'intendiamo.

Tutte le nostre speranze si sono quindi poco a poco concentrate su Marte il solo astro che possa giustificarle sino ad un certo punto, siccome or ora si vedrà. Tali speranze si sono accresciute ed hanno raggiunto anzi presso alcuni un grado di esaltazione quasi febbrile, dopo che un esame accurato di quel pianeta ha fatto scoprire in esso alcuni cambiamenti, e un sistema di misteriose configurazioni, in cui con un po' di buona volontà si potrebbe congetturare piuttosto il lavoro di esseri intelligenti, anzi che la semplice opera delle forze naturali inorganiche. L'ultima grande apparizione di Marte ha dato origine ad espressioni entusiastiche di tali speranze, specialmente presso i Nordamericani; i quali, possedendo nel loro Osservatorio di California il più gran cannocchiale che mai sia stato costrutto, avrebbero tutto il diritto al vanto di aver scoperto non solo un nuovo mondo, ma anche una nuova umanità. Ma in Francia l'agitazione delle menti ispirata dal Flammarion ha prodotto effetti anche più straordinari: ivi con tutta serietà sono proposte ingenti somme come premio a chi sarà primo a dimostrare, per mezzo della diretta osservazione, che esistono in alcuno degli astri indizî certi di esseri intelligenti. In America poi ed in Francia si sta macchinando la costruzione di nuovi telescopi d'inusata potenza, il costo dei quali si conterà per milioni. Fra tanti segni dei tempi questo almeno ci dà diritto a sperar bene dell'avvenire. L'ansietà con cui molti guardano alle tenebre del futuro non mi sembra in ogni parte giustificata. Non è vero che l'età presente, più delle passate, manchi di elevati principi e di aspirazioni ideali. Il secolo decimonono può considerare con orgoglio quello che ha fatto; il suo posto negli annali del progresso umano non sarà senza gloria. A costo d'incredibili fatiche e di eroici sacrifizi esso ha compiuto ormai l'esplorazione di tutta la superficie terrestre, sulle cui carte non restano che poche lacune. Penetrando nelle viscere del nostro pianeta, ha mostrato la storia delle trasformazioni a cui fu soggetto, ed ha rievocato dal loro sepolcro le infinite generazioni che lo popolarono per milioni di anni. Coll'investigazione archeologica, collo studio dell'etnografia e della filologia ha ritrovato i veri titoli di nobiltà del genere umano, e fatto risorgere alla luce del giorno i primi prodotti delle sue civiltà. Con estese associazioni di pazienti e di instancabili osservatori ha iniziato lo studio dell'atmosfera, e delle sue leggi, che sarà uno dei grandi problemi del secolo XX. Ma tutto questo non gli è bastato; e dopo aver proseguito energicamente nello studio dei cieli, della materia, e delle forze naturali l'opera dei secoli anteriori e fondata la chimica degli astri, di cui prima pareva follia parlare; ora aspira a più alta meta, e ansiosamente comincia a spiare, se qualche voce di simpatia e di fratellanza non ci possa venir dalle profondità cosmiche; e per ottenerne indizio è pronto a spender per un solo telescopio più somme, di quante ne abbian spese in favore della scienza pura tutti i secoli precedenti insieme considerati. Ecco uno, un solo dei tanti aspetti nobili, moralmente grandiosi, poetici, sotto cui si presenterà alla posterità imparziale quel secolo, che allo spettatore unilaterale sembra essere per eccellenza il secolo della prosa, dell'egoismo, della meccanica brutale, dei godimenti materiali. Noi siamo migliori di quello che crediamo essere! La stessa difficoltà che proviamo ad esser contenti e soddisfatti di noi medesimi, è un segno di progresso e di forza. Ma torniamo al nostro argomento.

II.

Nella scala delle orbite planetarie, la Terra occupa, a partir dal Sole, il terzo posto e Marte il quarto. L'orbita di Marte comprende quindi dentro di sè l'orbita della Terra; ed è di essa più grande nel rapporto di circa 3 a 2. Ambedue le orbite sono di forma leggermente ovale, ma così per l'una come per l'altra la differenza fra il più grande e il più piccolo diametro è relativamente trascurabile: in altre parole, la differenza di queste orbite da un circolo perfetto è assai poca, tanto che occorrebbero disegni in molto grande scala per renderla sensibile a misure fatte col compasso. Il Sole non si trova nel centro nè dell'una, nè dell'altra, e questo difetto di centratura è assai maggiore per Marte che per la Terra. La Terra gira intorno al Sole in ragione di 30 chilometri per minuto secondo; Marte in ragione di 24 chilometri. Essendo questi più lento, e dovendo percorrere un circolo più grande, impiega, a far il suo giro completo intorno al Sole, 687 giorni, quasi il doppio dei 365 che impiega la Terra a fare il proprio.

Quindi appare subito manifesta la ragione per cui così di raro Marte rifulge in tutto il suo splendore. Movendosi i due astri intorno al Sole in periodi così differenti, per lo più si troveranno in parti molto distanti dello spazio celeste, e soltanto saranno vicini, quando l'uno e l'altro giaceranno nella medesima direzione a partir dal sole. Trovandosi allora i tre corpi (Sole, Terra, Marte) in linea retta, e la Terra (come quella che è più vicina al Sole) occupando il posto di mezzo, allo spettatore terrestre, Marte ed il Sole appariranno in plaghe opposte al cielo; e questo intendono dire gli astronomi quando parlano di Marte in _opposizione_col Sole. Le epoche adunque in cui Marte si presenta a noi più vicino, sono quelle delle opposizioni, le quali ricorrono ad intervalli di circa ventisei mesi, o 780 giorni.

[vedi figura 01.png]

Ma non in tutte le opposizioni Marte giunge ad avvicinarsi alla Terra in egual misura. Mentre l'orbita della Terra è quasi esattamente centrata sul Sole, quella di Marte è invece notabilmente eccentrica: la loro proporzione e disposizione può vedersi rappresentata nella figura qui a lato, dove S rappresenta il Sole, il circolo minore è quello della Terra, il maggiore quello di Marte. Ora si vede subito, che quando i due pianeti si avvicinano fra loro nella parte più serrata dell'intervallo fra le due orbite, la Terra essendo in T e Marte in M, si ha il massimo avvicinamento possibile, siccome (con poca differenza) è accaduto nel 1877 e nel 1892, e di nuovo accadrà nel 1909. Queste, che ricorrono ad intervalli alternati di 15 e di 17 anni, diconsi le *grandi opposizioni*. Marte allora è veramente stupendo a considerare coll'occhio nudo, ma più ancora col telescopio. Tuttavia anche in tale favorevolissima posizione il suo diametro apparente non supera la settantacinquesima parte del diametro apparente del Sole o della Luna: così che occorre un telescopio amplificante 75 volte perchè in esso Marte si presenti come la Luna all'occhio nudo. Ma nelle comuni opposizioni non si arriva neppure a tanto: e quando i due pianeti occupano i punti designati sulla figura con T' M', la minima loro distanza T'M' è quasi doppia della TM. In queste opposizioni meno fortunate il massimo diametro apparente a cui Marte può arrivare non supera 1/150 del diametro lunare, ed è necessario amplificarlo 150 volte per vederlo come la Luna ad occhio nudo. La sua superficie apparente e la sua luce sono allora soltanto _il quarto_di quella che si vede nelle grandi opposizioni.

Non conviene dunque illudersi su questi, che abbiam chiamato avvicinamenti di Marte alla Terra; sono vicinanze relative, e la Luna, che pure dista da noi trenta diametri del globo terrestre, ha ancora su Marte un grandissimo vantaggio. Il 2 Settembre 1877 e il 6 Agosto 1892, giorni delle ultime grandi opposizioni, ebbe luogo la minima distanza possibile del pianeta, che fu di quasi 57 milioni di chilometri e di 146 volte la distanza della Luna. Mentre adunque in questa un telescopio di mediocre potenza è capace di rilevare montagne, valli, circhi e crateri senza numero ed un'infinità di altri particolari topografici[3], ben altro potere ottico sarà necessario, perchè si possano vedere distintamente in Marte anche soltanto le configurazioni delle macchie principali. L'esperienza ha fatto vedere che non è difficile di rilevar nella Luna, col soccorso dei maggiori telescopi, un oggetto rotondeggiante di mezzo chilometro di diametro, o una striscia di 200 metri di larghezza. In Marte si può arrivare a distinguere come punto un oggetto rotondeggiante di 60 a 70 chilometri di diametro, e come linea sottile una striscia di 30 chilometri di larghezza. Il corso di un fiume come il Po sarebbe facile a distinguersi nella Luna su quasi tutta la sua lunghezza, ma nessuno dei maggiori fiumi della Terra riuscirebbe a noi visibile in Marte. E mentre nella Luna una città come Milano (od anche soltanto Pavia) sarebbe già un oggetto ben vidibile a noi, in Marte non potremmo sperare di vedere neppure Parigi e Londra, ed appena con molta attenzione sarebbe possibile distinguervi isole rotondeggianti della grandezza di Majorca, od isole allungate, grandi come Candia e Cipro.

Non farà dunque meraviglia, che Galileo, i cui telescopi non superarono mai l'amplificazione di 30 diametri, non abbia potuto fare in Marte alcuna scoperta. Primo ad osservare con qualche sicurezza le macchie di questo pianeta fu il celebre Ugenio, che le vide coll'aiuto di telescopi lavorati da lui stesso, assai più perfetti e più grandi di quelli di Galileo (1656-1659). Pochi anni dopo, Domenico Cassini a Bologna (1666) non solo riconobbe diverse macchie, ma dal loro rapido spostarsi sul disco fu condotto a scoprire la rotazione del pianeta intorno ad un asse obliquo, a similitudine della Terra: dalla qual rotazione definì la durata in 24 ore e 40 minuti. I telescopi usati da Cassini erano lavorati in Roma dal più celebre artefice ottico di quei tempi, Giuseppe Campani, i cui lavori godettero di un incontrastabile primato per quasi cent'anni, fino a che per opera di Short, di Dollond e di Herschel tale vanto passò per qualche tempo all'Inghilterra. E con telescopi di Campani fece Bianchini in Verona nel 1719 i primi disegni alquanto accurati delle macchie di Marte, scoprendo in esse particolari abbastanza difficili, quale per esempio la sottile penisola che nella carta annessa porta il nome di *Hesperia*. Verso la fine del secolo scorso Herschel e Schroeter dallo studio delle candide macchie polari del pianeta dedussero l'obliquità del suo asse di rotazione rispetto al piano dell'orbita, quell'angolo, cioè, che per la Terra costituisce l'obliquità dell'eclittica, ed è poco diverso nell'uno e nell'altro pianeta. Così fu determinato anche per i due emisferi di Marte il corso periodico delle stagioni, e la legge delle variazioni dei climi, che tanta analogia mostrano con le nostre.

Tutte queste osservazioni però non erano sufficienti a dare una descrizione completa della superficie di Marte. Come vero fondatore dell'*Areografia*[4] dobbiamo considerare il tedesco Maedler, il quale nel 1830, valendosi di un perfettissimo telescopio di Fraunhofer (celebre ottico di Monaco, per cui opera il primato nella costruzione dei telescopi passò verso il 1820 alla Germania), vide e descrisse le macchie del pianeta incomparabilmente meglio che tutti gli astronomi anteriori. Maedler fu il primo a determinare con misure bene ordinate la posizione di un certo numero di punti principali sulla superficie di Marte rispetto all'equatore e ad un primo meridiano, che è quello notato zero sull'annessa carta.

[vedi figura tavola01.jpg]

[vedi figura tavola02.jpg]

Ordinando rispetto a questi punti le diverse particolarità topografiche riuscì a costruire la prima carta areografica: la quale, comechè ancora incompleta e necessariamente limitata a poche macchie principali, è tuttavia monumento onorevole della sua cura e diligenza, e rappresenta per la descrizione di Marte quello che 2000 anni fa la carta di Eratostene fu per la geografia terrestre. Questa carta per più di 30 anni fu non soltanto la migliore, ma anzi l'unica; e soltanto verso il 1860 si cominciò a fare nello studio del pianeta qualche progresso ulteriore, specialmente per le osservazioni di Secchi, Dawes, Kaiser, e Lockyer. Da quell'epoca e specialmente a partire dalla grande opposizione del 1862 quei progressi si vennero accelerando, ed a ciò contribuirono non poco i grandissimi telescopi, che negli ultimi tempi gli ottici, specialmente quelli d'America, hanno imparato a costruire[5].

Dalla comparazione di tutte le nuove ed antiche osservazioni risultò come primo fatto importante, che la forma e disposizione delle macchie del pianeta è invariabile nei suoi tratti principali, com'è sulla Terra la distribuzione dei mari e della parte asciutta. Noi possiamo, per esempio, riconoscere nei disegni di Ugenio (1659) il golfo appellato *Gran Sirte*(vedi l'annessa carta); nei disegni di Maraldi (1704) il _Mare Cimmerio_e il *Mare delle Sirene*; nei disegni di Bianchini (1719) il _Mare Tirreno_e la penisola *Esperia*. Anche le posizioni dei punti principali determinate da Maedler (1830), da Kaiser (1862) e da me (1877-1879) si accordano fra loro in modo da escludere affatto l'idea di Schroeter, che le macchie di Marte siano nuvole o formazioni atmosferiche transitorie, come certamente sono quelle di Giove e di Saturno.

Marte ha dunque una topografia stabile, come la Terra e la Luna, e per quanto si può sapere, anche Mercurio. Tale stabilità si ravvisa tuttavia per Marte soltanto nelle forme generali, e non si estende agli ultimi particolari. Osservazioni continuate han posto fuor d'ogni dubbio negli ultimi tempi che molte regioni mutano di colore fra certi limiti, secondo la stagione che domina su quei luoghi, e secondo l'inclinazione, con cui sono percossi dai raggi solari. Tali mutazioni di colori hanno certamente luogo anche per molte parti della Terra, e sarebbero visibili ad uno spettatore collocato in Marte. Ma si osserva in questo una cosa, che certamente sulla Terra non ha luogo: i contorni delle grandi macchie possono subire cioè leggiere mutazioni, piccole rispetto alle dimensioni delle macchie stesse, ma pur tuttavia abbastanza grandi per rendersi cospicue anche a noi. Anche questi contorni non sono sempre ugualmente ben definiti. Molte minutissime particolarità si vedono meglio in certe epoche, e meno bene in certe altre; e possono da un tempo all'altro anche variar d'aspetto e di forma, senza che tuttavia si possa concepire alcun dubbio sulla loro identità. E finalmente è da notare, che Marte ha un'atmosfera abbastanza densa, ed una propria meteorologia, come sarà spiegato più innanzi. Tutte queste variazioni annunziano un sistema grandioso di processi naturali, che conferisce allo studio di Marte un interesse molto più grande di quello che deriverebbe dal semplice studio topografico di una superficie immutabile ed inerte, come sembra esser quella della Luna. Insomma il pianeta non è un deserto di arido sasso; esso vive, e la sua vita si manifesta alla superficie con un insieme molto complicato di fenomeni, ed una parte di questi fenomeni si sviluppa su scala abbastanza grande per riuscire osservabile agli abitatori della Terra. Vi è in Marte un mondo intero di cose nuove da studiare, eminentemente proprie a destare la curiosità degli osservatori e dei filosofi, le quali daranno da lavorare a molti telescopi per molti anni, e saranno un grande impulso al perfezionamento dell'Ottica. Tale è la varietà e la complicazione dei fenomeni, che soltanto uno studio completo e paziente potrà rischiarare le leggi secondo cui quelli si producono, e condurre a conclusioni sicure e definite sulla costituzione fisica di un mondo tanto analogo al nostro sotto certi rispetti, e pur sotto altri tanto diverso.

Non si creda tuttavia di poter accedere a questo studio così attraente senza aiuto ottico proporzionato alla difficoltà della cosa. La sempre grande distanza del pianeta, e la piccolezza relativa[6] del medesimo non permettono di usare con molto frutto amplificazioni inferiori a 200 e 300, nè telescopi di lente obbiettiva inferiore in diametro a 20 centimetri: questo nelle_grandi opposizioni_, come quelle del 1877 e del 1892. Ma nelle opposizioni meno favorevoli (ed in quelle appunto suole Marte dispiegare i suoi fenomeni più curiosi) lo studio dei più delicati particolari non si può far bene con amplificazioni minori di 500 e 600 diametri, quali si possono avere soltanto da telescopi dell'apertura di 40 centimetri o più.

Le due carte annesse sono state fatte appunto con istrumenti della forza che ho detto. L'emisfero australe, il quale a causa dell'inclinato asse di Marte suole presentarsi meglio alla nostra vista nelle grandi opposizioni, che nelle altre, è stato rilevato principalmente negli anni 1877-1879, con un telescopio di 22 centimetri d'apertura. Ma per l'emisfero boreale, che si presenta in prospettiva conveniente soltanto nelle opposizioni meno favorevoli, si è potuto negli anni 1888 e 1890 approfittare di un istrumento molto più grande, il cui vetro obbiettivo ha 49 centimetri di diametro, e permette di spingere l'amplificazione di Marte fino a 500 e 650.

[vedi figura 02.png]

Non senza qualche interesse vedrà il lettore rappresentato nell'annessa pagina quest'ultimo istrumento, il più potente che sia uscito delle officine di Germania. La sua collocazione a Brera fu decretata dal Re e dal Parlamento nel 1878; ogni volta che lo consideriamo esso richiama a noi la memoria di quell'uomo non facilmente dimenticabile, che fu Quintino Sella, ai cui uffici la Specola di Milano deve questo suo principale ornamento. La lente obbiettiva, lavorata in Monaco da Merz successore di Fraunhofer, ha 49 centimetri di diametro nella parte libera; la macchina che porta il telescopio e permette di dirigere con tutta facilità in cinque minuti la gran mole verso qualunque plaga del cielo, è un vero prodigio della meccanica moderna e fu lavorata in Amburgo dai fratelli Repsold. La sua parte mobile (che son parecchie tonnellate di metallo) può essere mossa dalla pressione di un dito ed aggiustato su qualunque astro colla stessa esattezza che si potrebbe ottenere per il più delicato microscopio. Un meccanismo d'orologio la porta in giro insieme al cielo intorno all'asse del mondo, per guisa, che diretto il telescopio ad un astro, segue di questo la rivoluzione diurna, e l'astro appare immobile nel campo telescopico per tutto il tempo che si vuole. I molti organi sussidiari, che si veggono nella parte inferiore del tubo a portata dell'osservatore, servono alle diverse specie di operazioni, che con questo strumento si devono compiere.

È questo il massimo dei telescopi esistenti in Italia[7] ma otto o dieci altri di esso maggiori sono stati costrutti o si stanno costruendo in diverse parti. Fra tutti giganteggia quello dell'Osservatorio di California, eretto sulla cima del Monte Hamilton, presso S. Francisco per legato di James Lick, ricco negoziante, che in tal modo volle assicurata presso i posteri la sua memoria. L'obbiettivo di questo colosso dell'ottica moderna ha 91 1/2 centimetri di diametro, e da sè solo è costato l'egregia somma di 50 mila dollari (275000 lire a un dipresso). Tutto l'istrumento è, nella sua generale disposizione, poco dissimile da quello che qui sopra fu descritto, ma è due volte più grande in ogni dimensione. Ma fra non molto il telescopio Californiano sarà superato da un altro, per il quale già si hanno fusi i vetri in America: questo avrà non meno di 102 centimetri d'apertura, ed il suo costo è calcolato in 200 mila dollari (1.100.000 lire). E sarà collocato, non già nei climi variabili della nostra zona temperata, e tanto meno poi in mezzo al fumo e alla luce elettrica di una città grande; ma sopra una mediocre elevazione delle Ande peruviane, in un clima sereno, di aria tranquilla e temperata, benchè posto nella zona torrida.

Quanto al telescopio di tre metri di diametro che si vuoi preparare in Francia per l'esposizione del 1900, e sul quale già si è mosso tanto rumore, aspetteremo a parlarne quando sarà fatto. Non ha da essere un telescopio a vetri, come i precedenti, ma un telescopio _riflettore_nel quale la lente obbiettiva sarà surrogata da un grande specchio. Senza dubbio, la maggior facilità e la minore spesa di questa maniera di telescopio permetterà di raggiungere dimensioni molto maggiori che colle lenti di vetro: anzi esistono già in Inghilterra ed in Francia parecchi di tali strumenti da uno a due metri di diametro, i quali prestano utilissimi servizi in molte ricerche e segnatamente in tutte quelle che richiedono gran copia di luce senza molto riguardo alla precisione dell'immagine ottica: per esempio nello studio del calore lunare e nella chimica celeste. Ma quanto a visione distinta, gli specchi di grande dimensione finora si son dimostrati troppo inferiori alle lenti di corrispondente potenza: e riguardo all'esplorazione dei mondi planetari non sarà permesso di fondare sul futuro telescopio di Parigi molto grandi speranze.

III.

Già i primi Astronomi, che studiarono Marte col telescopio, ebbero occasione di notare sul contorno del suo disco due macchie bianco-splendenti di forma rotondeggiante e di estensione variabile. In progresso di tempo fu osservato, che mentre le macchie comuni di Marte si spostano rapidamente in conseguenza della sua rotazione diurna, mutando in poche ore di posizione e di prospettiva; quelle due macchie bianche rimangono sensibilmente immobili al loro posto. Si concluse giustamente da questo, dover esse occupare i poli di rotazione del pianeta, o almeno trovarsi molto prossime a quei poli. Perciò furono designate col nome di macchie o calotte polari. E non senza fondamento si è congetturato, dover esse rappresentare per Marte quelle immense congerie di nevi e di ghiacci, che ancor oggi impediscono ai navigatori di giungere ai poli della terra. A ciò conduce non solo l'analogia d'aspetto e di luogo, ma anche un'altra osservazione importante.

Come è noto dai principî di cosmografia, l'asse della terra è inclinato sul piano dell'orbe che essa descrive intorno al sole; l'equatore pertanto non coincide al piano di detto orbe, ma è inclinato rispetto ad esso piano dell'angolo di 23 1/2 gradi, detto l'obliquità dello zodiaco o dell'eclittica. Ed è noto pure, come da questa semplice e quasi accidentale circostanza tragga origine una varietà di fatti, che sono del più grande influsso sui climi dei diversi paesi, producendo l'estate e l'inverno, e la diversa durata dei giorni e delle notti. Ora lo stesso precisamente avviene in Marte. Il suo equatore è inclinato rispetto al piano dell'orbita di quasi 25 gradi; e da tal disposizione ha origine la stessa vicenda delle stagioni e dell'irradiamento solare, la stessa varietà di climi e di giorni, che ha luogo sulla Terra. Marte ha dunque le sue zone climatiche, i suoi equinozi e i suoi solstizi, e simili vicende d'illuminazione. Per quanto concerne la durata dei giorni e delle notti il parallelismo è quasi completo nella zona torrida e nelle temperate: perchè mentre il giorno terrestre solare è di 24 ore, il giorno solare di Marte è di 24 ore e quaranta minuti prossimamente. Circa l'andamento delle stagioni e delle lunghe giornate e notti del polo vi è questa differenza, che le nostre stagioni durano tre mesi ciascuna, quelle di Marte hanno una durata poco men che doppia, di 171 giorni in media: e i giorni e le notti del polo, che presso di noi sono di sei mesi a un dipresso in Marte durano per un medio undici mesi[8]. Tal differenza è dovuta a questo principalmente, che l'anno di Marte è di 687 giorni terrestri, mentre il nostro è di soli 365.

Così stando le cose, è manifesto, che se le suddette macchie bianche polari di Marte rappresentano nevi e ghiacci, dovranno andar decrescendo di ampiezza col sopravvenire dell'estate in quei luoghi, ed accrescersi durante l'inverno. Or questo appunto si osserva nel modo più evidente. Nel secondo semestre dell'anno decorso 1892 fu in prospetto la calotta del polo australe; durante quell'intervallo, e specialmente nei mesi di Luglio e d'Agosto, anche osservando con cannocchiali affatto comuni era chiarissima di settimana in settimana la sua rapida diminuzione; quelle nevi (ora ben possiamo chiamarle tali), che da principio giungevano fino al 70.° parallelo di latitudine, e formavano una calotta di oltre 2000 chilometri di diametro, si vennero progressivamente ritraendo al punto, che due o tre mesi dopo pochissimo più ne rimaneva, una estensione di forse 300 chilometri al maximum; e anche meno se ne vede adesso, negli ultimi giorni del 1892. In questi mesi l'emisfero australe di Marte ebbe la sua estate; il solstizio estivo essendo avvenuto il 13 Ottobre. Corrispondentemente ha dovuto accrescersi la massa delle nevi intorno al polo boreale; ma il fatto non fu osservabile, trovandosi quel polo nell'emisfero di Marte opposto a quello che riguarda la Terra. Lo squagliarsi delle nevi boreali è stato invece osservabile negli anni 1882, 1884, 1886.

Queste osservazioni del crescere e decrescere alterno delle nevi polari, abbastanza facili anche con cannocchiali di mediocre potenza, diventano molto più interessanti ed istruttive, quando se ne seguano assiduamente le vicende nei più minuti particolari, usando di strumenti maggiori. Si vede allora lo strato nevoso sfaldarsi successivamente agli orli; buchi neri e larghe fessure formarsi nel suo interno; grandi pezzi isolati, lunghi e larghi molte miglia staccarsi dalla massa principale, e sparire sciogliendosi poco dopo. Si vedono insomma presentarsi qui d'un colpo d'occhio quelle divisioni e quei movimenti dei campi ghiacciati, che succedono durante l'estate delle nostre regioni artiche secondo le descrizioni degli esploratori.

Le nevi australi offrono questa particolarità, che il centro della loro figura irregolarmente rotondeggiante non cade proprio sul polo, ma in un altro punto, che è sempre press'a poco il medesimo, e dista dal polo di circa 300 chilometri nella direzione del *Mare Eritreo*. Da questo deriva, che quando l'estensione delle nevi è ridotta ai minimi termini, il polo australe di Marte ne rimane scoperto; e quindi forse il problema di raggiungerlo è su quel pianeta più facile che sulla Terra. Le nevi australi sono in mezzo di una gran macchia oscura, che colle sue ramificazioni occupa circa un terzo di tutta la superficie di Marte, e si suppone rappresenti l'Oceano principale di esso. Se questo è, l'analogia con le nostre nevi artiche ed antartiche si può dire completa, e specialmente colle antartiche.

La massa delle nevi boreali di Marte è invece centrata quasi esattamente sul polo; essa è collocata nelle regioni di color giallo, che soglionsi considerare come i continenti del pianeta. Da ciò nascono fenomeni singolari, che non hanno sulla Terra alcun confronto. Allo squagliarsi delle nevi accumulate su quel polo durante la lunghissima notte di dieci mesi e più, le masse liquide prodotte in tale operazione si diffondono sulla circonferenza della regione nevata, convertendo in mare temporaneo una larga zona di terreno circostante; e riempiendo tutte le regioni più basse producono una gigantesca inondazione, la quale ad alcuni osservatori diede motivo di supporre in quella parte un altro Oceano, che però in quel luogo non esiste, almeno come mare permanente. Vedesi allora (l'ultima occasione a ciò opportuna fu nel 1884) la macchia bianca delle nevi circondata da una zona oscura, la quale segue il perimetro delle nevi nella loro progressiva diminuzione, e va con esso restringendosi sopra una circonferenza sempre più angusta. Questa zona si ramifica dalla parte esterna con strisce oscure, le quali occupano tutta la regione circostante, e sembrano essere i canali distributori, per cui le masse liquide ritornano alle loro sedi naturali. Nascono in quelle parti laghi assai estesi, come quello segnato sulla carta col nome di *Lacus Hyperboreus*; il vicino mare interno detto *Mare Acidalio*, diventa più nero e più appariscente. Ed è a ritenere come cosa assai probabile, che lo scolo di queste nevi liquefatte sia la causa che determina principalmente lo stato idrografico del pianeta, e le vicende che nel suo aspetto periodicamente si osservano. Qualche cosa di simile si vedrebbe sulla Terra, quando uno dei nostri poli venisse a collocarsi subitamente nel centro dell'Asia o dell'Africa. Come stanno oggi le cose, possiamo trovare un'immagine microscopica di questi fatti nel gonfiarsi che si osserva dei nostri torrenti allo sciogliersi dei nevai alpini.

I viaggiatori delle regioni artiche hanno frequente occasione di notare, come lo stato dei ghiacci polari nel principio della state, ed ancor al principio di Luglio, è sempre poco favorevole al progresso dei viaggiatori; la stagione migliore per le esplorazioni è nel mese di Agosto, e Settembre è il mese, in cui l'ingombro dei ghiacci è minimo. Così pure nel Settembre sogliono essere le nostre Alpi più praticabili che in ogni altra epoca. E la ragione ne è chiara; lo scioglimento delle nevi richiede tempo; non basta l'alta temperatura, bisogna che essa continui, ed il suo effetto sarà tanto maggiore, quanto più prolungato. Se quindi noi potessimo rallentare il corso delle stagioni, così che ogni mese durasse sessanta giorni invece di trenta; nell'estate in tal modo raddoppiata lo scioglimento dei ghiacci progredirebbe molto di più e forse non sarebbe esagerazione il dire che la calotta polare al fine della calda stagione andrebbe interamente distrutta. Ma non si può dubitare ad ogni modo, che la parte stabile di tale calotta sarebbe ridotta a termini molto più angusti, che oggi non si veda. Ora questo appunto succede in Marte. Il lunghissimo anno quasi doppio del nostro permette ai ghiacci di accumularsi durante la notte polare di 10 o 12 mesi in modo, da scendere sotto forma di strato continuo fino al parallelo 70° ed anche più basso; ma nel giorno che segue di 12 o 10 mesi il Sole ha tempo di liquefare tutta o quasi tutta quella neve di recente formazione, riducendola a sì poca estensione, da sembrare a noi nulla più che un punto bianchissimo. E forse tali nevi si struggono intieramente, ma di questo finora non si ha alcuna sicura osservazione.

Altre macchie bianche di carattere transitorio e di disposizione meno regolare si formano sull'emisfero australe nelle isole vicine al polo; e così pure nell'emisfero opposto regioni biancheggianti appaiono talvolta intorno al polo boreale fino al 50° e 55° parallelo. Sono forse nevicate effimere, simili a quelle che si osservano nelle nostre latitudini. Ma anche nella zona torrida di Marte si vedono talora piccolissime macchie bianche più o meno persistenti, fra le quali una fu da me veduta in tre opposizioni consecutive (1877-1882) nel punto segnato sui nostri planisferi dalla longitudine 268° e dalla latitudine 16° nord. Forse è permesso congetturare in questi luoghi la esistenza di montagne capaci di nutrire vasti ghiacciai. L'esistenza di tali montagne è stata supposta anche da alcuni recenti osservatori, sul fondamento di altri fatti.

Quanto si è narrato delle nevi polari di Marte prova in modo incontrastabile, che questo pianeta, come la Terra, è circondato da un'atmosfera capace di trasportar vapori da un luogo all'altro. Quelle nevi infatti sono precipitazioni di vapori condensati dal freddo e colà successivamente portati; ora come portati, se non per via di movimenti atmosferici? L'esistenza di un'atmosfera carica di vapori è stata confermata anche dalle osservazioni spettrali, principalmente da quelle di Vogel; secondo il quale tale atmosfera sarebbe di composizione poco diversa dalla nostra, e sopratutto *molto ricca di vapore acqueo*. Fatto questo sommamente importante, perchè ci dà il diritto di affermare con molta probabilità, che d'acqua e non d'altro liquido siano i mari di Marte e le sue nevi polari. Quando sarà assicurata sopra ogni dubbio questa conclusione, un'altra ne discenderà non meno grave; che le temperature dei climi marziali, malgrado la maggior distanza dal Sole, sono del medesimo ordine che le temperature terrestri. Perchè se fosse vero quanto fu supposto da alcuni investigatori, che la temperatura di Marte sia in media molto bassa (di 50° a 60° sotto lo zero!) non potrebbe più il vapor acqueo essere uno degli elementi principali dell'atmosfera di Marte, nè potrebbe l'acqua essere uno dei fattori importanti delle sue vicende fisiche; ma dovrebbe lasciare il luogo all'acido carbonico o ad altro liquido, il cui punto di congelazione sia molto più basso.

Gli elementi della meteorologia di Marte sembrano dunque aver molta analogia con quelli della meteorologia terrestre. Non mancano però, come è da aspettarsi, le cause di dissomiglianza. Anche qui, da circostanze di piccol momento trae la Natura un'infinita varietà nelle sue operazioni. Di grandissima influenza dev'esser la diversa maniera, con cui in Marte e sulla Terra veggonsi ordinati i mari ed i continenti; su di che uno sguardo alla carta dice più che non si farebbe con molte parole. Già abbiamo accennato al fatto delle straordinarie inondazioni periodiche, che ad ogni rivoluzione di Marte ne allagano le regioni polari boreali allo sciogliersi delle nevi: aggiungeremo ora, che queste inondazioni diramate a grandi distanze per una rete di numerosi canali, forse costituiscono il meccanismo principale (se non unico), per cui l'acqua (e con essa la vita organica) può diffondersi sulla superficie asciutta del pianeta. Perchè infatti su Marte piove molto raramente, *o forse anche non piove affatto*. Ed eccone la prova.

Portiamoci coll'immaginazione nello spazio celeste, in un punto distante dalla Terra così, da poterla abbracciare d'un solo colpo d'occhio. Molto andrebbe errato colui, che sperasse veder di là riprodotta in grande scala la immagine dei nostri continenti coi loro golfi ed isole e coi mari che li circondano, quale si vede nei nostri globi artificiali. Qua e là senza dubbio si vedrebbero trasparire sotto un velo vaporoso le note forme, o parti di esse. Ma una buona parte (forse la metà) della superficie sarebbe fatta invisibile da immensi campi di nuvole, continuamente variabili di densità, di forma e di estensione. Tale ingombro, più frequente e più continuato nelle regioni polari, impedirebbe ancora per circa la metà del tempo, la vista delle regioni temperate, distribuendosi su di esse in capricciose e perpetuamente variate configurazioni; sui mari della zona torrida si vedrebbe disposto in lunghe fasce parallele, corrispondenti alle zone delle calme equatoriali e tropicali. Per uno spettatore posto nella Luna, lo studio della nostra geografia non sarebbe un'impresa tanto semplice, quanto si potrebbe immaginare.

Nulla di questo in Marte. In ogni clima e sotto ogni zona la sua atmosfera è quasi perpetuamente serena e trasparente abbastanza per lasciar riconoscere a qualunque momento i contorni dei mari e dei continenti, e per lo più anche le configurazioni minori. Non già che manchino vapori di un certo grado di opacità; ma ben poco impedimento danno essi allo studio della topografia del pianeta. Qua e là vedonsi comparire di quando in quando alcune chiazze biancastre, mutar di posizione e di forma, di raro estendersi sopra aree alquanto ampie; esse prediligono di preferenza alcune regioni, come le isole del Mare Australe e sui continenti le parti segnate sulla carta coi nomi di _Elysium_e di *Tempe*. Il loro candore generalmente diminuisce e scompare nelle ore meridiane del luogo, e si rinforza la mattina e la sera con vicenda molto spiccata. È possibile che siano strati di nuvole, perchè così bianche appajono pure le nubi terrestri nella parte superiore illuminata dal Sole. Però diverse osservazioni conducono a pensare, che si tratti piuttosto di sottili veli di nebbia, anzichè di veri nembi apportatori di temporali e di piogge: se pure non sono temporanee condensazioni di vapore sotto forma di rugiada o di brina.

Adunque, per quanto è lecito argomentare dalle cose osservate, il clima di Marte nel suo generale complesso dovrebbe rassomigliare a quello delle giornate serene nelle alte montagne. Di giorno un'insolazione fortissima, quasi punto mitigata da nuvole o da vapori; di notte una copiosa irradiazione del suolo verso lo spazio celeste, e quindi un grande raffreddamento. Da ciò un clima eccessivo e grandi sbalzi di temperatura dal giorno alla notte e da una stagione all'altra. E come sulla Terra ad altezze di 5000 e 6000 metri i vapori dell'atmosfera più non si condensano che sotto forma solida, formando quelle masse biancastre di diacciuoli sospesi, che si chiamano *cirri*; così nell'atmosfera di Marte saranno raramente possibili (od anche non saranno possibili) vere agglomerazioni di nuvole capaci di dar luogo a pioggie di qualche momento. Lo squilibrio di temperatura fra una stagione ed un'altra sarà poi accresciuto notabilmente dalla lunga durata delle medesime; e così si comprende la grande coagulazione e dissoluzione di nevi, che si rinnova intorno ai poli ad ogni rivoluzione compiuta dal pianeta intorno al Sole.

IV.

Come le nostre carte dimostrano[9], nella sua generale topografia Marte non presenta alcuna analogia colla Terra. Un terzo della sua superficie è occupato dal gran Mare Australe, che è sparso di molte isole, e spinge entro ai continenti golfi e ramificazioni di varia forma; al suo sistema appartiene un'intiera serie di piccoli mari interni, dei quali l'_Adriatico_ed il _Tirreno_comunicano con esso per ampie bocche, mentre il *Cimmerio*, quello *delle Sirene*, e il _Lago del Sole_non hanno con esso relazione che per mezzo di angusti canali. Si noterà nei quattro primi una disposizione parallela, che certo non è accidentale, come pure non senza ragione è la corrispondente positura delle penisole _Ausonia, Esperia_ed *Atlantide*. Il colore dei mari di Marte è generalmente bruno misto di grigio, non sempre però di uguale intensità in tutti i luoghi, nè nel medesimo luogo è uguale in ogni tempo. Dal nero completo si può scendere al grigio chiaro ed al cinereo. Tal diversità di colore può aver origine da varie cause, e non è senza analogia anche sulla Terra, dove è noto che i mari delle zone calde sogliono essere più oscuri che i mari più vicini al polo. Le acque del Baltico, per esempio, hanno un color luteo chiaro, che non si osserva nel Mediterraneo. E così pure nei mari di Marte si vede il colore farsi più cupo quando il sole si avvicina alla loro verticale e l'estate comincia a dominare in quelle regioni.

Tutto il resto del pianeta fino al polo Nord è occupato dalle masse dei continenti, nelle quali, salvo alcune aree di estensione relativamente piccola, predomina il colore aranciato, che talvolta sale al rosso più cupo, altre volte scende al giallo ed al biancastro. La varietà di questa colorazione è in parte d'origine meteorica, in parte può dipendere dalla diversa natura del suolo, e sulle sue cause ancora non è possibile appoggiare ipotesi molto fondate. Neppure è nota la causa di questo predominio delle tinte rosse e gialle sulla superficie del vecchio *Pyrois*. Alcuno ha creduto di attribuire questa colorazione all'atmosfera del pianeta, attraverso alla quale si vedrebbe colorata la superficie di Marte, come rosso diventa un oggetto terrestre qualsiasi, veduto a traverso vetri di tal colore. Ma a ciò si oppongono più fatti, fra gli altri questo, che le nevi polari appajono sempre del bianco più puro, benchè i raggi di luce da esse derivati attraversino due volte l'atmosfera di Marte sotto una grande obliquità. Noi dobbiamo dunque concludere che i continenti marziali ci appajono rossi e gialli, perchè tali veramente sono.

Oltre a queste regioni oscure e luminose, che noi abbiamo qualificato per mari e continenti, e la cui natura ormai non lascia luogo che a poco dubbio, alcune altre ne esistono, veramente poco estese, di natura anfibia, le quali talvolta ingialliscono e sembrano continenti, in altri tempi vestono il bruno (anche il nero in certi casi) e assumono l'apparenza dei mari; mentre in altre epoche la loro colorazione intermedia lascia dubitare a qual classe di regioni esse appartengano. Quasi tutte le isole sparse nel Mare Australe e nel Mare Eritreo appartengono a questa categoria, così pure le lunghe penisole chiamate _Regioni di Deucalione_ e di *Pirra*, e in contiguità del Mare Acidalio le regioni sognate coi nomi di _Baltia_ e di *Nerigos*. L'idea più naturale e più conforme all'analogia sembra quella di supporre in esse vaste lagune, su cui variando le profondità dell'acqua si produca la diversità del colore, predominando il giallo in quelle parti dove la profondità del velo liquido è ridotta a poco od anche a niente, e il colore bruno più o meno oscuro nei luoghi dove le acque sono tanto alte da assorbire molta luce e da rendere più o meno invisibile il fondo. Che l'acqua del mare o qualsiasi acqua profonda e trasparente veduta dall'alto appaja tanto più oscura quanto maggiore è l'altezza dello strato liquido, e che le terre in confronto di esse appajano chiare sotto l'illuminazione del Sole, è cosa nota e confermata da certissime ragioni fisiche. Chi viaggia nelle Alpi spesso ha occasione di convincersene, vedendo dalle cime neri come l'inchiostro stendersi sotto i suoi piedi i profondi laghetti di cui sono seminate, in confronto dei quali luminose appajono anche le rupi più nereggianti percosse dal sole[10].

Non senza fondamento adunque abbiamo finora attribuito alle macchie oscure di Marte la parte di mari e quella di continenti alle aree rosseggianti che occupano quasi i due terzi di tutto il pianeta, e troveremo più tardi altre ragioni che confermano tal modo di vedere. I continenti formano nell'emisfero boreale una massa quasi unica e continua, sola eccezione importante essendo il gran lago detto *Mare Acidalio*, del quale l'estensione pare mutarsi secondo i tempi e connettersi in qualche modo colle inondazioni che dicemmo prodotte dallo sciogliersi delle nevi intorno al polo boreale. Al sistema del Mare Acidalio appartiene senza dubbio il lago temporario denominato _Iperboreo_ed il *Lago Niliaco*: quest'ultimo ordinariamente separato dal Mare Acidalio per mezzo di un istmo o diga regolare, la cui continuità soltanto nel 1888 fu vista interrompersi per qualche tempo. Altre macchie oscure minori si trovano qua e là nella parte continentale, le quali potrebbero rappresentare dei laghi, ma non certo laghi permanenti come i nostri; tanto sono variabili d'aspetto e di grandezza secondo le stagioni, al punto da scomparire affatto in date circostanze. Il *Lago Ismenio*, quello *della Luna*, il _Trivio di Caronte_e la _Propontide_sono i più cospicui e i più durevoli. Ve ne sono di piccolissimi, quali il _Lago Meride_e il *Fonte di Gioventù*, che nella loro maggiore appariscenza non superano i 100 o 150 chilometri di diametro e contano fra gli oggetti più difficili del pianeta.

Tutta la vasta estensione dei continenti è solcata per ogni verso da una rete di numerose linee o strisce sottili di color oscuro più o meno pronunziato, delle quali l'aspetto è molto variabile. Esse percorrono sul pianeta spazi talvolta lunghissimi con corso regolare, che in nulla rassomiglia l'andamento serpeggiante dei nostri fiumi; alcune più brevi non arrivano a 500 chilometri, altre invece si estendono a più migliaja, occupando un quarto ed anche talvolta un terzo di tutto il giro del pianeta. Alcuna di esse è abbastanza facile a vedere, e più di tutte quella che è presso l'estremo limite sinistro delle nostre carte, designata col nome di *Nilosyrtis*: altre invece sono estremamente difficili, e rassomigliano a tenuissimi fili di ragno tesi attraverso al disco. Quindi molto varia è altresì la loro larghezza, che può raggiungere 200 od anche 300 chilometri per la Nilosirte, mentre per altre forse non arriva a 30 chilometri. [vedi figura 03.png]

Queste linee o strisce sono i famosi _canali_di Marte, di cui tanto si è parlato. Per quanto si è fino ad oggi potuto osservare, sono certamente configurazioni stabili del pianeta; la Nilosirte è stata veduta in quel luogo da quasi cent'anni, ed alcune altre da trent'anni almeno. La loro lunghezza e giacitura è costante, o non varia che entro strettissimi limiti; ognuna di esse comincia e finisce sempre fra i medesimi termini. Ma il loro aspetto e il loro grado di visibilità sono assai variabili per tutte da un'opposizione ad un altra, anzi talvolta da una settimana all'altra; e tali variazioni non hanno luogo simultaneamente e con ugual legge per tutte, ma nel più dei casi succedono quasi a capriccio, od almeno secondo regole non abbastanza semplici per essere subito intese da noi. Spesso una o più diventano indistinte od anche affatto invisibili, mentre altre loro vicine ingrossano al punto da diventar evidenti anche in cannocchiali di mediocre potenza. La prima delle nostre carte presenta tutte quelle che sono state vedute in una lunga serie di osservazioni; essa tuttavia non corrisponde all'aspetto di Marte in alcuna epoca, perchè generalmente soltanto poche sono visibili di un tratto[11]

Ogni canale (per ora chiamiamoli così) alle sue estremità sbocca o in un mare, od in un lago, od in un altro canale, o nell'intersezione di più altri canali. Non si è mai veduto uno di essi rimaner troncato nel mezzo del continente, rimanendo senza uscita e senza continuazione. Questo fatto è della più alta importanza. I canali possono intersecarsi fra di loro sotto tutti gli angoli possibili; ma di preferenza convergono verso le piccole macchie cui abbiamo dato il nome di laghi. Per esempio sette se ne veggono convergere nel *Lago della Fenice*, otto nel *Trivio di Caronte*, sei nel *Lago della Luna*, sei nel *Lago Ismenio*.

L'aspetto normale di un canale è quello di una striscia quasi uniforme nera o almeno di colore oscuro simile a quello dei mari, in cui la regolarità del generale andamento non esclude piccole diversità di larghezza e piccole sinuosità nei due contorni laterali. Spesso avviene che tal filetto oscuro, mettendo capo al mare, si allarghi in forma di tromba, formando una vasta baja, simile agli estuari di certi fiumi terrestri: il_Golfo delle Perle_, il *Golfo Aonio*, il *Golfo dell'Aurora*, e i due corni del _Golfo Sabeo_sono così formati dalla foce di uno o più canali sbocanti nel Mare Eritreo o nel Mare Australe. L'esempio più grandioso di tali golfi è la *Gran Sirte*, formata dalla vastissima foce della _Nilosirte_già nominata; questo golfo non ha manco di 1800 chilometri di larghezza e quasi altrettanti di profondità nel senso longitudinale, e la sua superficie è di poco minore che quella del golfo di Bengala. In questi casi si vede manifestamente la superficie oscura del mare continuarsi senza apparente interruzione in quella del canale; quindi, ammesso che le superficie chiamate mari siano veramente espansioni liquide, non si può dubitare che i canali siano di esse un semplice prolungamento a traverso delle aree gialle, o dei continenti.

Che del resto le linee dette _canali_ siano veramente grandi solchi o depressioni delle superficie del pianeta destinate al passaggio di masse liquide, e costituiscano su di esso un vero sistema idrografico, è dimostrato dai fenomeni che in quelli si osservano durante lo struggersi delle nevi boreali. Già dicemmo che queste, nello sciogliersi appaiono circondate da una zona oscura, formante una specie di mare temporario. In tale epoca i canali delle regioni circostanti si fanno più neri e più larghi, ingrossando al punto da ridurre, in un certo momento, ad isole di poca estensione tutto le aree gialle comprese fra l'orlo della neve e il 60° parallelo nord. Tale stato di cose non cessa, se non quando le nevi, ridotte ormai al loro minimo di estensione, cessano di struggersi. Si attenuano allora le larghezze dei canali, scompare il mare temporario, e le aree gialle riprendono l'estensione primitiva. Le diverse fasi di questa grandiosa operazione si rinnovano ad ogni giro di stagioni ed i loro particolari si son potuti osservare con molta evidenza nelle opposizioni 1882, 1884, 1886, quando il pianeta presentava allo spettatore terrestre il suo polo boreale. L'interpretazione più naturale e più semplice è quella che abbiam riferito, di una grande inondazione prodotta dallo squagliarsi delle nevi; essa è interamente logica, e sostenuta da evidenti analogie con fenomeni terrestri. Concludiamo pertanto, che i canali son tali di fatto, e non solo di nome. La rete da essi formata probabilmente fu determinata in origine dallo stato geologico del pianeta, e si è venuta lentamente elaborando nel corso dei secoli. Non occorre suppor qui l'opera di esseri intelligenti; e malgrado l'apparenza quasi geometrica di tutto il loro sistema, per ora incliniamo a credere che essi siano prodotti dell'evoluzione del pianeta, appunto come sulla Terra il canale della Manica e quello di Mozambico.

Sarà un problema non men curioso che complicato e difficile lo studiare il regime di questi immensi corsi d'acqua, da cui forse dipende principalmente la vita organica sul pianeta, dato che vita organica vi sia. Le variazioni del loro aspetto dimostrano che questo regime non è costante: quando scompaiono o lasciano di loro traccie dubbie e mal definite è lecito supporre, che siano in magra, od asciutti affatto. Allora nel luogo dei canali rimane o niente, oppure al più una striscia di colore giallastro poco diverso dal fondo circostante. Talvolta prendono un aspetto nebuloso, di cui per ora non si saprebbe assegnar la ragione. Altre volte invece producono veri allagamenti, espandendosi a 100, 200 o più chilometri di larghezza, e questo avviene anche per canali molto lontani dal polo boreale secondo norme fin qui sconosciute. Così è avvenuto dell'_Idaspe_nel 1864, del _Simoenta_nel 1879, dell'_Acheronte_nel 1884, del _Tritone_nel 1888. Lo studio diligente e minuto delle trasformazioni di ciascun canale condurrà più tardi a conoscere le cause di questi fatti.

Ma il fenomeno più sorprendente dei canali di Marte è la loro *geminazione*; la quale sembra prodursi principalmente nei mesi che precedono e in quelli che seguono la grande inondazione boreale, intorno alle epoche degli equinozi. In conseguenza di un rapido processo, che certamente dura pochissimi giorni, od anche forse solo poche ore, e del quale i particolari non si sono ancora potuti afferrare con sicurezza, un dato canale muta d'aspetto e d'un tratto si trova trasformato su tutta la sua lunghezza in due linee o strisce uniformi, per lo più parallele fra di loro, che corrono dritte ed uguali con tracciamento geometricamente tanto esatto, quanto suole esser presso di noi quello di due rotaje di ferrovia. Ma questo esatto andamento è il solo termine di rassomiglianza colle dette rotaje: perchè nelle dimensioni non vi è alcun paragone possibile, come del resto è facile immaginare. Le due linee seguono a un dipresso la direzione del primitivo canale, e terminano nei luoghi dov'esso terminava. L'una di esse spesso si sovrappone quanto più è possibile all'antica linea, l'altra essendo di nuovo tracciamento; ma anche in questo caso l'antica linea perde tutte le piccole irregolarità e curvature che poteva avere. Ma accade ancora, che ambe le linee geminate occupino dalle due parti dell'ex canale un terreno interamente nuovo. La distanza fra le due linee è diversa nelle diverse geminazioni, e da 600 chilometri e più scende fino all'ultimo limite, in cui due linee possono apparir separate nei grandi occhi telescopici, meno di 50 chilometri d'intervallo; la larghezza di ciascuna striscia per sè può variare dal limite di visibilità, che supponiamo 30 chilometri, fino a più di 100. Il colore delle due linee varia dal nero ad un rosso scialbo, che appena si distingue dal fondo giallo generale delle superficie continentali; l'intervallo è per lo più di questo giallo, ma in più casi è sembrato bianco. Le geminazioni poi non sono necessariamente legate ai soli canali, ma tendono anche prodursi sui laghi. Spesso si vede uno di questi trasformarsi in due brevi e larghe liste oscure fra loro parallele, tramezzate da una lista gialla. In questi casi naturalmente la geminazione è breve, e non esce dai limiti del lago primitivo.

Le geminazioni non si manifestano tutte insieme, ma arrivata la loro stagione cominciano a prodursi or qua, or là, isolate in modo irregolare, o almeno senza ordine facilmente riconoscibile. Per molti canali mancano affatto (come per la Nilosirte, a cagion d'esempio), o sono poco visibili. Dopo aver durato qualche mese, si affievoliscono gradatamente e scompajono fino ad una nuova stagione egualmente propizia a questo fenomeno. Così avviene che in certe altre stagioni (specialmente presso il solstizio australe del pianeta) se ne vedono poche, od anche non se ne vede affatto. In diverse apparizioni la geminazione del medesimo canale può presentare diversi aspetti quanto a larghezza, intensità e disposizione delle due strisce: anche in qualche caso la direzione delle linee può mutarsi, benchè di pochissima quantità; sempre però deviando di piccolo spazio dal canale con cui è associata strettamente. Da questa importante circostanza si comprende immediatamente, che le geminazioni non possono essere formazioni stabili della superficie di Marte, e di carattere geografico, come i canali. La seconda delle nostre carte può dare un'idea approssimativa dell'aspetto che presentano queste singolarissime formazioni. Essa comprende tutte le geminazioni osservate dal 1882 fino al presente; nel riguardarla bisogna tener a mente, che non di tutte l'apparizione è stata simultanea, e che pertanto quella carta non rappresenta lo stato di Marte in nessun'epoca; essa non è che una specie di registro topografico delle osservazioni finora fatte in diversi tempi su quel fenomeno.

L'osservazione delle geminazioni è una delle più difficili, e non può farsi che da un occhio bene esercitato, ajutato da un telescopio di accurata costruzione e di grande potenza. Ciò spiega perchè non siano state vedute prima del 1882. Nei dieci anni trascorsi da quel tempo esse sono state vedute e descritte da otto o dieci osservatori. Nondimeno alcuni ancora negano che siano fenomeni reali e tacciano d'illusione (o anche d'impostura) coloro che affermano d'averle osservate.

Il loro singolare aspetto e l'esser disegnate con assoluta precisione geometrica, come se fossero lavori di riga o di compasso, ha indotto alcuni a ravvisare nelle medesime l'opera di esseri intelligenti, abitatori del pianeta. Io mi guarderò bene dal combattere questa supposizione, la quale nulla include d'impossibile. Notisi però che in ogni caso non potrebbero essere opere di carattere permanente, essendo certo, che una stessa geminazione può cambiare di aspetto e di misura da una stagione all'altra. Si possono tuttavia assumere opere tali, da cui una certa variabilità non sia esclusa, per esempio, lavori estesi di coltura e di irrigazione su larga scala. Aggiungerò ancora, che l'intervento di esseri intelligenti può spiegare l'apparenza geometrica delle geminazioni, ma non è punto necessario a tale intento. La geometria della Natura si manifesta in molti altri fatti, dai quali è esclusa l'idea di un lavoro artificiale qualunque. Gli sferoidi così perfetti dei corpi celesti e l'anello di Saturno non furon lavorati al tornio, e non è col compasso che Iride descrive nelle nubi i suoi archi così belli e così regolari; e che diremo delle infinite varietà di bellissimi e regolarissimi poliedri onde è ricco il mondo dei cristalli? E nel mondo organico, non è geometria bella e buona quella che presiede alla distribuzione delle foglie di certe piante, che ordina in figure stellate così simmetriche tanti fiori del prato, tanti animali del mare; che produce nelle conchiglie quelle spirali coniche così eleganti, da disgradarne ciò che di più bello ha fatto l'architettura gotica? In tutte queste cose le forme geometriche sono conseguenze semplici e necessarie di principi e di leggi che governano il mondo fisico e fisiologico. Che poi questi principi e queste leggi siano esplicazioni di una potenza intelligente superiore, possiamo ammetterlo; ma ciò nulla fa al presente argomento.

In omaggio dunque al principio, che nella spiegazione dei fatti naturali convenga sempre cominciare dalle supposizioni più semplici, le prime ipotesi proposte sulla natura e sulla causa delle geminazioni hanno per lo più messo in opera solamente le azioni della natura inorganica. Sono o effetti di luce nell'atmosfera di Marte, o illusioni ottiche prodotte da vapori in vario modo, o fenomeni glaciali d'un inverno perpetuo a cui sarebbe condannato tutto il pianeta, o crepature raddoppiate nella superficie di esso, o crepature semplici, di cui si duplica l'immagine per effetto di fumo eruttato su lunghe linee e spostato lateralmente dal vento. L'esame di questi ingegnosi tentativi conduce tuttavia a concludere, che nessuno di essi sembra corrispondere per intiero ai fatti osservati nel loro insieme e nei particolari. Alcune di tali ipotesi non sarebbero neppur nate, se i loro Autori avessero potuto esaminare le geminazioni coi proprii occhi. Che se alcuno di questi, ragionando *ad hominem*, mi domandasse: sapete voi immaginar qualche cosa di meglio? risponderei candidamente di no.

Più facile sarebbe il compito, se volessimo introdurre forze appartenenti alla natura organica. Qui è immenso il campo delle supposizioni plausibili, potendosi immaginare infinite combinazioni capaci di soddisfare alle apparenze, anche con piccoli e semplici mezzi. Vicende di vegetazione su vaste aree e generazioni d'animali anche minimi in enorme moltitudine potrebbero benissimo rendersi visibili a tanta distanza. A quel modo che un osservatore posto nella Luna potrebbe avvedersi delle epoche, in cui sulle nostre vaste pianure succede l'aratura dei campi, il nascere e la messe del frumento; a quel modo che il fiorir dell'erba nelle vastissime steppe dell'Europa e dell'Asia deve rendersi sensibile anche alla distanza di Marte per una varietà di colorazione; così può certamente rendersi visibile a noi un eguale sistema di operazioni che si produca in quegli astri. Ma come difficilmente i Lunari ed i Marziali potrebbero immaginare le vere cause di tali mutazioni d'aspetto senza aver prima qualche conoscenza almeno superficiale della natura terrestre: così anche per noi, che tanto poco conosciamo dello stato fisico di Marte e nulla del suo mondo organico, la grande libertà di supposizioni possibili rende arbitrarie tutte le spiegazioni di tal genere, e costituisce il più grave ostacolo all'acquisto di nozioni fondate. Tutto quello che possiamo sperare è, che col tempo si diminuisca gradatamente l'indeterminazione del problema, dimostrando, se non quello che le geminazioni sono, almeno quello che non possono essere. Dobbiamo anche confidare un poco in ciò, che Galileo chiamava *la cortesia della Natura*, in grazia della quale talvolta da parte inaspettata sorge un raggio di luce ad illuminare argomenti prima creduti inaccessibili alle nostre speculazioni; di che un bell'esempio abbiamo nella chimica celeste. Speriamo adunque, e studiamo.

GIOVANNI SCHIAPARELLI.

G. SCHIAPARELLI

LA VITA SUL PIANETA MARTE

Estratto dal fascicolo N.° 11 Anno IV - 1895 della Rivista "Natura ed Arte"

Semel in anno licet insanire

Il singolar globo di Marte, che sotto più riguardi tanto rassomiglia al nostro, e nel quale sembrano celarsi così interessanti misteri, ogni giorno più chiama a sè l'attenzione pubblica, e sempre più è fatto oggetto di accurati studi e di ardite speculazioni. Esso non è intieramente sconosciuto ai lettori di Natura ed Arte, i quali ricorderanno senza dubbio la descrizione accompagnata da disegni, che ne fu pubblicata nei due fascicoli di febbraio 1893. Non senza ammirazione essi han potuto vedere quelle macchie oscure e quelle regioni più chiare della sua superficie, che si considerano come rappresentanti mari e continenti; le misteriose linee, dette canali, or semplici or doppie, che lo solcano per ogni verso in forma di fitto reticolato; le vicissitudini del clima nei suoi due emisferi; e specialmente le nevi che biancheggiano intorno ai suoi poli, e con alterna vece crescono e decrescono secondo le stagioni, nè più nè meno di quello che si osserva nelle regioni agghiacciate che occupano le zone polari del nostro globo.

Nell'anno decorso 1894 il pianeta essendosi molto avvicinato alla Terra (siccome suol fare periodicamente ad intervalli di circa 26 mesi), si trovò a buona portata dei grandi telescopi astronomici; e così fu possibile di fare alcune osservazioni importanti. Durante l'epoca del massimo avvicinamento (che fu nei mesi di settembre e di ottobre) la posizione dell'asse di Marte rispetto al sole, e le stagioni dei suoi emisferi furono press'a poco quelle che han luogo per la Terra ogni anno durante il mese di gennaio. Per l'emisfero boreale di Marte era appena passato il solstizio d'inverno; l'emisfero australe, invece, che si trovava principalmente in vista, era nelle condizioni atmosferiche che noi esperimentiamo nel mese di luglio, cioè al principio e al colmo della state. Le regioni polari australi e il polo antartico del pianeta brillavano nell'illuminazione perpetua; e sotto la sferza incessante del sole le nevi di quel polo parvero decrescere a colpo d'occhio.

Le prime osservazioni si fecero in Australia alla fine di maggio col gran telescopio dell'osservatorio di Melbourne, essendo il pianeta ancora a grande distanza della terra. Il 25 maggio (epoca, che per l'emisfero australe di Marte corrispondeva press'a poco alla metà della primavera) i ghiacci si estendevano tutt'intorno al polo australe fino a 67° di latitudine; l'area nevosa formava una calotta ben terminata e simmetrica di 2800 chilometri di diametro.

A partir da quel punto fino alla metà d'agosto, per lo spazio di 80 giorni e più, l'orlo circolare della regione nevata andò restringendosi con molta regolarità, avvicinandosi al polo in ragione di 13 chilometri al giorno: così che a mezzo agosto il diametro delle nevi da 2800 chilometri si trovò ridotto a 600. Durante questo intervallo, e precisamente verso la fine di giugno, si manifestò nella calotta bianca una grande spaccatura, che ne separava un segmento di considerabile ampiezza. Quest'ultimo scomparve presto, e non restò che la massa principale, notabilmente diminuita.

Da mezzo agosto alla fine di settembre la diminuzione delle nevi intieramente si arrestò, quantunque appunto in quell'intervallo avesse luogo il solstizio australe del pianeta (31 agosto) e con esso la massima irradiazione del Sole su quelle regioni. Il 24 di settembre l'area circolare nevosa aveva ancora quasi lo stesso diametro di 600 chilometri, che era stato misurato il 13 di agosto.

La causa sconosciuta, che produsse questo arresto nel ritirarsi dei ghiacci, parve cessare negli ultimi giorni di settembre; il limite delle nevi continuò a progredire verso il polo, questa volta in ragione di dieci chilometri al giorno; e non finì che colla distruzione totale delle nevi stesse, la quale da diversi osservatori fu assegnata ad epoche alquanto diverse, ma si può stimare che avesse luogo intorno al 23 ottobre, coll'incertezza di alcuni giorni in più od in meno. Così rimase il polo australe di Marte affatto nudo di ghiacci fino a questo giorno in cui scrivo (4 aprile 1895). Nell'intervallo si videro bensì di quando in quando comparire certe macchie bianche in molta vicinanza del polo; nessuna di queste però è stata permanente, e si deve credere che rappresentassero nevicate di carattere locale e transitorio. Quale fortuna sarebbe pei nostri geografi, se un simile scioglimento completo dei ghiacci si producesse anche una sola volta sopra ciascuno dei due poli della Terra!

Da che si è incominciato a studiar Marte con qualche attenzione, è questa la prima volta in cui è accaduto di osservare la completa dissoluzione delle sue nevi antartiche. Essa si può stimare avvenuta circa 55 giorni dopo il solstizio australe, cioè dopo l'epoca, in cui la massima intensità della radiazione solare si fece sentire in quella regione. Nel 1862, trovandosi il pianeta in una stagione identica, Lassell vide quelle medesime nevi ancora molto estese: 94 giorni dopo il solstizio australe il loro diametro non era minore di 500 chilometri. Nell'anno 1880 io le vidi ancora a Brera 144 giorni dopo il solstizio australe. Possiamo argomentare da questo, che in Marte, come sulla Terra, il corso delle stagioni non è perfettamente il medesimo in tutti gli anni, e che si danno colà, come presso di noi, estati più lunghe o più calde, ed altre più brevi o più fresche.

La rapida fusione di così ingenti quantità di neve non può essere senza conseguenze sulle condizioni idrografiche del pianeta. Sulla terra la fusione delle nevi artiche ed antartiche non può essere di molta conseguenza, prima perchè le aree ghiacciate polari sono ambedue circondate dal medesimo mare, il quale, se cresce di livello per lo sciogliersi di una parte delle nevi artiche, d'altrettanto decresce pel contemporaneo coagularsi di nuove nevi antartiche. Una simil compensazione non può aver luogo su Marte in modo così semplice od immediato, essendo il maggior mare, che circonda il polo antartico, intieramente separato da quegli altri mari assai minori o piuttosto laghi, che stanno vicino al polo artico; siccome si può vedere dando uno sguardo alla carta di Marte qui unita[12]. L'equilibrio nelle masse liquide dei due emisferi può stabilirsi soltanto per mezzo di deflusso attraverso ai continenti che occupano le regioni intermedie; e questa è la causa per cui all'alternato coagularsi e dissolversi dello nevi intorno ai due poli sono da attribuire in gran parte le mutazioni che si osservano nel sistema idraulico del pianeta. Mutazioni, che ai nostri telescopi son rese manifeste dalla modificata estensione dei mari, e dalla varietà d'aspetto di quelle strisce oscure che segnano le zone d'inondazione e di deflusso; le quali pertanto non senza un po' di ragione furon chiamate *canali*, quantunque tal nome si debba intendere in senso assai largo. Piuttosto che veri canali della forma a noi più familiare, dobbiamo immaginarci depressioni del suolo non molto profonde, estese in direzione rettilinea per migliaia di chilometri, sopra larghezza di 100, 200 chilometri od anche più. Io ho già fatto notare altra volta, che, mancando sopra Marte le pioggie, questi canali probabilmente costituiscono il meccanismo principale, con cui l'acqua (e con essa la vita organica) può diffondersi sulla superficie asciutta del pianeta. Non è un problema privo d'interesse quello di rendersi conto del modo, con cui può avvenire una tale diffusione.

II.

Sulla terra le vicende delle stagioni si corrispondono nei due emisferi con effetti quasi intieramente simmetrici nella loro alternativa. I periodi di freddo e di caldo, di siccità e di pioggia si producono con fasi alternate, ma analoghe, ad intervalli di sei mesi, sotto paralleli di ugual latitudine ai due lati dell'equatore. Le diversità di clima, che si osservano in tal caso, sono di carattere puramente locale, dovute per lo più a condizioni accidentali di natura topografica. Qualche piccola differenza nella meteorologia dei due emisferi veramente si manifesta a chi consideri le cose con molta precisione; differenza principalmente derivata da ciò, che nell'emisfero australe le aree continentali sono meno estese che nell'emisfero boreale. Ma questo fatto, quantunque degno di studio per il suo carattere generale, praticamente è di poca importanza nella considerazione del clima di una data regione australe o boreale della Terra.

[vedi figura 04.png]

In Marte le cose sembrano proceder molto diversamente. Come dimostra uno sguardo dato alla carta, tutto o quasi tutto l'Oceano è concentrato intorno al polo australe, al quale per conseguenza, e alle circostanti regioni deve corrispondere una vasta depressione nel suolo solido del pianeta. Al contrario, dall'esser l'emisfero boreale quasi tutto occupato da un gran continente non interrotto, siamo indotti ragionevolmente a credere, che da quella parte si abbian le regioni più elevate, e che più alti di tutti siano i paesi circostanti al polo nord. Questa disposizione di cose fa sì, che lo sciogliersi delle nevi polari può avere, pel clima e per la vita organica, conseguenze ben diverse, secondo che si tratta delle nevi australi o delle nevi boreali. È questo un punto, il quale merita di essere esaminato con qualche cura.

Consideriamo dapprima la calotta dei ghiacci australi, che tutta si forma entro all'Oceano di Marte, e può giungere ad occupare di questo Oceano una parte considerabile, forse un terzo od un quarto. Lo sciogliersi progressivo della medesima avrà per ultimo risultato un innalzamento del livello generale di tutto l'Oceano, e dei mari interni minori, che lo circondano come appendici. Tale elevazione potrà bastare ad inondare tutte le parti più basse dei continenti e specialmente quelle che all'Oceano sono più vicine. In tale stagione infatti si vedono molto più marcati ed oscuri, non solo i mari interni segnati col nome di *Adriatico, Tirreno, Cimmerio, Sirenio*, ecc.. ma anche gli stretti più o meno spaziosi che li uniscono all'Oceano, e l'Oceano stesso. I golfi, onde appare frastagliato il continente, diventano più visibili, e con essi anche taluno dei grandi canali che dall'Oceano direttamente si spingono entro terra, per esempio la Gran Sirte e la Nilosirte, che da essa procede. Questa maggior espansione dell'Oceano però non arriva nelle parti più interne dei continenti e nelle regioni boreali; impedita a quanto sembra dalla troppo grande elevazione di queste.

L'effetto dello sciogliersi delle nevi australi è dunque di far uscire il mare dai suoi confini, e di produrre qua e là parziali inondazioni del medesimo sopra alcuni lembi del continente. Ora è molto dubbio, se un tal fenomeno possa riuscire di molto vantaggio per la vita organica, e sopratutto pei supposti abitatori del pianeta. Simili usurpazioni periodiche del mare sul continente hanno anche luogo presso di noi in conseguenza del flusso e del riflusso: e, quantunque siano di periodo breve e si facciano su piccolissima scala, non credo si possano considerare come una benedizione pei paesi dove si producono (Olanda, Frisia, litorale nord-ovest della Germania): vediamo anzi gli abitanti tentare di difendersene con immense dighe. Per Marte molto dipenderà dalla natura chimica delle sostanze disciolte nell'Oceano. Se, per esempio, quelle acque fossero salate come quelle dei mari terrestri, la zona delle aree invase dal mare ad ogni ritorno dell'estate (che si fa su Marte a periodi di 23 mesi circa dei nostri) potrebbe servire alla formazione di vaste saline, o dar luogo a vegetazioni di carattere speciale. In nessun caso potrebbero quelle acquo supplire alla coltivazione delle aree continentali, ed ai bisogni dell'agricoltura quale noi l'intendiamo.

Ben diverso è lo stato di cose che ci si presenta allo sciogliersi delle nevi boreali. Essendo queste collocate nel centro del continente, le masse liquide prodotte dalla liquefazione si diffondono sulla circonferenza della regione nevata, convertendo in mare temporaneo una larga zona del terreno circostante; e, correndo verso le regioni più basse, producono una gigantesca inondazione molto bene osservabile ai nostri telescopi. Tale inondazione si estende per molte e grosse ramificazioni sopra terre prima asciutte, formando presso il polo nord laghi molto estesi, che la carta nostra designa sotto i nomi di _Mare Acidalio _e di_Lago Iperboreo_. Da tal regione inondata si diramano grosse strisce oscure, rappresentanti al nostro sguardo altrettante larghe correnti, per le quali le nevi liquefatte ritornano, o tendono almeno a ritornare verso la loro sede naturale che sta nell'altro emisfero, cioè verso le bassure australi occupate dall'Oceano.

Riflettiamo ora, che la neve è il prodotto di una distillazione atmosferica, nella quale l'acqua si riduce alla purezza quasi completa. Se ciò non fosse, l'evaporazione dei nostri mari condurrebbe alla formazione di pioggie d'acqua salata, e di nevi salate; dove tutti sanno, che l'acqua piovana caduta a traverso di una atmosfera non inquinata è acqua quasi assolutamente pura, come assolutamente pura o quasi è l'acqua delle nostre nevi. Adunque la grande inondazione boreale di Marte, risultando dallo scioglimento di nevi cadute in terreno prima asciutto, e non essendo mescolata alle acque di un Oceano, sarà libera da quei sali e da quelle mescolanze, da cui non si può dubitare che sia inquinato l'Oceano australe del pianeta. Ne possiamo concludere, che se nelle parti asciutte o continentali della superficie di Marte vi è vita organica, gli è esclusivamente o quasi esclusivamente allo sciogliersi delle nevi boreali che deve la sua esistenza: gli è dalla giusta e opportuna ripartizione delle acque venenti dal polo nord, che dipende il suo progresso e il suo sviluppo. E se in Marte esiste una popolazione di esseri ragionevoli capace di vincere la Natura e di costringerla a servire ai propri intenti, la regolata distribuzione di quelle acque sopra le regioni atte a coltura deve costituire il problema principale e la continua preoccupazione degli ingegneri e degli statisti.

III.

Fino a questo punto abbiam potuto arrivare, combinando il risultato delle osservazioni telescopiche con probabili deduzioni tratte da principi conosciuti della Fisica, e da plausibili analogie. Concediamo ora alla fantasia un più libero volo; sempre appoggiati, per quanto è concesso, al fondamento sicuro dell'osservazione e del ragionamento, tentiamo di renderci conto del modo, con cui sarebbe possibile in Marte l'esistenza e lo sviluppo di una popolazione d'esseri intelligenti, dotati di qualità e soggetti a necessità non troppo diverse dalle nostre: e sotto quali condizioni si potrebbe ammettere, che i fenomeni dei così detti canali e delle loro geminazioni possano rappresentare il lavoro di una simil popolazione. Ciò che diremo non avrà il valore di un risultato scientifico, ed anzi confinerà in parte col romanzo. Ma le probabilità a cui per tal modo arriveremo non saranno minori che per tanti altri romanzi più audaci e meno innocui, che sotto il sacro nome di scienza si stampano nei libri e si predicano nelle assemblee e nelle Università.

Comparando il globo della Terra con quello di Marte sotto il rispetto della loro costituzione meteorologica ed idrografica, subito ci appare manifesto, dalle cose dette di sopra, quanto il primo dei due sia meglio disposto per accogliere la vita organica e per favorirne lo sviluppo nelle sue forme superiori. Ai fortunati terricoli l'acqua fecondatrice è distribuita gratuitamente dalla periodica e regolare operazione del gran meccanismo atmosferico. Piove sui nostri campi senza alcun nostro merito: per noi, senza alcuna nostra fatica si condensa sulle montagne il liquido prezioso, che per mezzo dei ruscelli e dei fiumi può in molti modi esser rivolto a nostro vantaggio, coll'irrigazione, colla navigazione interna, colle macchine idrauliche: e senza di questo dono, che sarebbe il genere umano? Assai più dure condizioni di esistenza ha fatto la Natura ai poveri Marziali. Dove rare sono le nuvole e mille le pioggie, ivi mancano certamente le fonti ed i corsi d'acqua[13]. Tutto per loro sembra dipendere, come già si è accennato, dalla grande inondazione prodotta nello sciogliersi delle nevi polari boreali. La loro conservazione o la loro prosperità richiede ad ogni costo, che siano arrestate nella maggior quantità possibile, e trattenute per tutto il tempo necessario quelle acque, prima che vadano a perdersi nel mare australe; che se ne approfitti nel modo più efficace alla coltura di aree abbastanza vaste per assicurare durante un intero anno Marziale (23 mesi nostri) l'esistenza di tutto ciò che vive sul pianeta. Problema forse non tanto facile e non tanto semplice! perchè la somma di acqua disponibile è al più quella che hanno formato le nevi boreali d'una sola invernata; quantità certamente assai grande, la quale però, ripartita sopra tutti i continenti, potrebbe presto diventare insufficiente, anche non tenendo conto delle perdite inevitabili per evaporazione, filtrazione, errori di distribuzione, ecc.

Bastan questi riflessi a persuaderci, che le molte strisce oscure, onde il pianeta è solcato per ogni verso, larghe talvolta quanto il Mar Adriatico od il Mar Rosso e quasi sempre assai più lunghe, non possono, malgrado il nome da noi loro assegnato di *canali*, rappresentare nella loro vera larghezza arterie di deflusso delle acque boreali. Se tali fossero, basterebbero a dar passo in poche ore a tutta quanta la grande inondazione. Non solo le acque non potrebbero esser impiegate a colture che richiedessero la durata di alcuni mesi, ma giungerebbero al mare e vi si perderebbero prima che un vantaggio qualunque se ne potesse trarre. Certo per le vie segnate da quelle strisce ha luogo un deflusso, ma non tutte intiere quelle strisce servono al deflusso. La loro larghezza è per tale scopo eccessiva, nè a questo scopo corrisponde bene il loro variabile aspetto, e la loro geminazione. Ciò che noi vediamo là, o che finora abbiam chiamati *canali*, non sono larghissimi corsi d'acqua, come da alcuno fu creduto. L'ipotesi più plausibile è quella di considerarle come *zone di vegetazione*, estese a destra e a sinistra dei veri *canali*, i quali esistono sì lungo le medesime linee, ma non sono abbastanza larghi da poter esser veduti dalla Terra[14]. Queste zone di vegetazione facilmente si distaccano sulle circostanti regioni del pianeta per un colore più cupo, dovuto, com'è da credere, al fatto stesso dell'innaffiatura (si sa che il terreno bagnato è di color più oscuro che l'asciutto e disseccato dal sole) e anche in parte senza dubbio alla presenza stessa della vegetazione; mentre per le aree aride e condannate a perpetua sterilità rimane invariato il color giallo uniforme che predomina su tutti i continenti. Questo colore dobbiamo d'or innanzi considerare come rappresentante il deserto puro ed assoluto; e pur troppo si può far stima, che i nove decimi della superficie continentale di Marte ad esso appartengano.

Proseguendo nelle nostre deduzioni arriveremo a comprendere senza difficoltà, che, regnando in Marte il potere della gravità, quantunque in misura assai minore che sulla Terra[15], i liquidi diffusi alla superficie del pianeta tenderanno a scendere ai luoghi più bassi; e che le zone oscure destinate alla vegetazione saranno più basse delle aree luminose circostanti, in cui l'acqua non può penetrare. Quello pertanto che a noi appare sotto aspetto di striscia oscura, e che da tutti finora si è chiamato *canale*, sarà un grande avvallamento della superficie, esteso secondo la linea retta o secondo il circolo massimo, sopra larghezze e lunghezze comparabili a quelle del Mar Rosso. D'or innanzi daremo ad esso il nome più proprio di *valle*. La larghezza di una tal valle è in tutti i casi presso che uniforme, e tale dobbiamo credere ne sia pure la profondità, che diverse ragioni c'inducono a credere molto piccola, e certamente poi molte volte minore della larghezza. L'osservazione ci accerta che una tal valle fa sempre capo co' suoi estremi o ad un mare, o ad un lago, o ad un'altra valle consimile. E poichè il color oscuro, effetto della vegetazione e dell'irrigazione, ne occupa tutta l'apparente larghezza, dobbiamo ritenere, che i due pendii laterali siano accessibili alle acque tanto bene quanto il fondo. Quale poi sia stata l'origine di tali valli così numerose ed intrecciate, come si vede sulla carta, non è ora opportuno discutere; però l'enorme loro larghezza non ci dà confidenza di soscrivere all'opinione di coloro, che le credono prodotto di uno scavo artificiale.

La mente nostra non è avvezza a concepire tali grandiose opere come effetto di potenze comparabili a quella dell'uomo. Quando però dalla considerazione generale di questi fatti si scende allo studio minuto dei loro particolari, e sopratutto si ferma l'attenzione sopra le misteriose geminazioni e sulla straordinaria regolarità di forma ch'esse presentano, l'idea che qualche parte almeno secondaria vi possa avere una razza di esseri intelligenti non può esser considerata come intieramente assurda. Anzi, al punto in cui siamo giunti, e data la verità delle cose sin qui esposte, tale supposizione perde quel carattere d'audacia che ci spaventava da principio, e diventa quasi una conseguenza necessaria.

Poniamo infatti per un momento, che lassù tutto si faccia per conseguenza cieca di leggi fisiche, senza intervento alcuno di mente direttiva. Le nevi del polo boreale, a misura che saranno disciolte, correranno all'Oceano seguendo le ampie valli, che loro offrono la strada più facile. Se il fondo delle valli è concavo (come nella maggior parte delle nostre), l'acqua vi si riunirà in una corrente di larghezza molto limitata, e non potrà occupare i pendii laterali, nè produrre sopra di essi l'innaffiamento e le vegetazioni che soli possono renderli a noi visibili. Il corso d'acqua o canale esisterà, ma difficilmente prenderà tale ampiezza.da rendersi sensibile al telescopio. Insomma noi non ne vedremmo nulla. Perchè l'acqua e la vegetazione potessero espandersi sopra larghezze di 100 e 200 chilometri, bisognerebbe che il fondo della valle fosse piano e quasi assolutamente uniforme. Avremo allora qualche cosa di simile ad un vasto impaludamento, nel quale potrebbero ottimamente svolgersi una flora ed una fauna somiglianti a quelle della nostra epoca carbonifera. Con tali ipotesi è possibile renderci conto delle strisce oscure semplici; rimane però inesplicato il fenomeno della loro temporanea geminazione. Non si riesce a comprendere perchè in una medesima valle l'innaffiamento e la vegetazione si faccian talvolta sopra una linea unica, tal'altra invece si dividano sopra due linee parallele di larghezza e d'intervallo non sempre eguale in ogni tempo, tra le quali resta uno spazio infecondo o almeno non irrigato. Qui la supposizione di un intervento intelligente è più che mai indicata. E il modo di questo intervento dev'esser determinato dalle condizioni particolari fatte dalla natura ai supposti abitatori del pianeta.

[vedi figura 05.png]

Ora prego il lettore di considerare l'annessa figura, nella quale si è inteso di rappresentare il taglio o sezione traversale di una delle larghe valli di Marte. In A A sono le sponde della valle, in B il suo fondo. Se al giungere delle inondazioni s'immettesse l'acqua nella valle senza altro apparato, essa si raccoglierebbe tutta al fondo sotto forma di un gran fiume in quantità probabilmente eccessiva, mentre i pendii laterali rimarrebbero asciutti. Per dare a tutta la valle la irrigazione necessaria così in quantità come in durata, i nostri ingegneri avrebbero scavato (e così dobbiam supporre abbiano fatto anche gl'ingegneri di Marte) a diverse altezze sui due pendii una serie di canali paralleli fra loro e paralleli alle sponde della valle; canali di dimensioni comparabili alla nostra Muzza, al Canale Cavour, al gran Canale del Gange[16]. Simili canali, di cui non è necessario qui precisare il numero, sono rappresentati sulla figura dallo incavature segnate colle lettere *m, n, p*... Fra due canali contigui il terreno segue il pendio naturale verso l'asse della valle, in modo che l'acqua da un canale più alto (come quello segnato *m*) possa arrivare a quello che gli sta sotto (come quello segnato *n*) espandendosi gradatamente su tutta la zona coltivata intermedia *m n*. I due canali più bassi serviranno ad irrigare la zona più bassa di coltivazione, che occupa il fondo della valle. All'estremità boreale di questa stanno i robusti argini, che trattengono entro i dovuti limiti, e fino al tempo opportuno, le acque della grande inondazione; ivi si chiudono e si aprono le porte d'afflusso: mentre per l'estremità australe e più bassa accadrà l'uscita delle acque residue, che vanno a raccogliersi nell'Oceano australe.

Già si è accennato, che la copia d'acque provenienti dalle nevi di una sola invernata sembra piuttosto inferiore che superiore ai bisogni dell'irrigazione; la poca area delle superficie coltivate in confronto colle deserte favorisce questa conclusione. L'apertura dei canali e l'immissione delle acque nelle campagne di una data valle non si potranno quindi fare a caso, ma dovranno succedersi con certa regola, onde tutte le zone, anche le più alte, possano ricevere il fluido benefico e conservarlo per tanto tempo, quanto ne richiede il ciclo vegetativo delle colture adottate. Male si provvederebbe a questo, se, per esempio, prima che la grande inondazione sia giunta al colmo, si cominciasse a consumar l'acqua per uso delle zone più basse: perchè in tal modo potrebbe avvenire che l'inondazione non raggiungesse il livello necessario per irrigare le zone più alte. Queste ultime pertanto dovranno avere la precedenza in ogni caso.

Così stando dunque disposte le cose; essendo giunta l'estate dell'emisfero Nord, e la grande inondazione boreale essendo arrivata alla massima altezza; il Gran Prefetto dell'Agricoltura ordina che si apran le chiuse più alte, e che sia immessa l'acqua nei due canali più elevati a destra e a sinistra della valle (segnati colle lettere _m m'_nella figura qui sopra). L'irrigazione si estenderà sopra le due zone laterali più alte (cioè *mn m'n'*); la superficie della valle cambierà colore in queste due zone, l'abitante della Terra vedrà due strisce parallele colorate, cioè una *geminazione*. Trascorso il tempo sufficiente per assicurare il completo ciclo vegetativo in quelle due prime zone, e la grande inondazione boreale essendo già in sul decrescere, si aprono le chiuse conducenti a due canali più bassi $n\ n'$, i quali frattanto avranno ricevuto anche i residui delle due zone già irrigate. Così sarà aperta alle acque la via per fecondare due altre zone fra loro parallele, $\_np\ n'p'\_$le quali a loro volta diventeranno visibili all'osservatore terrestre. A quest'ultimo la geminazione sembrerà or composta di due linee più larghe, l'una proveniente dall'insieme delle due zone irrigate di destra, l'altra dall'insieme delle due zone irrigate di sinistra. Ma col cessare della vegetazione nelle zone più alte, $mn\ m'n'$, queste riprenderanno il loro colore primitivo, e cesseranno d'esser visibili; onde a un dato momento nel telescopio non si vedranno che le sole zone $\_np\ n'p'\_$più interne; la geminazione sarà di nuovo composta di due linee sottili, ma l'intervallo fra queste sarà minore di quanto fosse in principio, quando erano irrigate le sole zone $mn\ m'n'$. Così di grado in grado, abbassandosi le acque della grande inondazione, si passerà ad irrigare zone sempre più basse; da ultimo, esaurite ormai quelle acque, se ne profitterà per immetterle nella zona che forma il fondo della valle, cioè nell'intervallo rappresentato con pp'. Allo spettatore terrestre apparirà una striscia sola; la geminazione avrà cessato di esistere. E quando il ciclo vegetativo sarà compiuto su tutte le zone della valle, allora soltanto si potranno aprire le porte inferiori per lasciare l'uscita alle acque residue, non senza prima aver riempito i vasti serbatoi necessari all'uso quotidiano di quegli abitanti, e alla coltura dei giardini durante l'intervallo della lunga siccità. Dell'irrigazione avvenuta non rimarrà che qualche traccia accidentale, il terreno ritornerà arido, e l'osservatore terrestre o non vedrà più affatto la valle, o appena ne discernerà qualche lieve indizio.

Questo piano d'operazioni, che io ho descritto qui per fissare le idee su di un caso concreto, non sarà probabilmente il solo ad esser praticato. Non è necessario che l'ordine d'irrigazione delle successive zone sia sempre ed ovunque così completo e così regolare. Se, per esempio per le colture di Marte fosse necessaria la pratica del maggese, qualche zona dovrebbe esser lasciata senza irrigazione. A norma poi delle diverse specie di coltura dovendo l'irrigazione esser più lunga o più breve, non si avrà sempre la completa simmetria sui due pendii della valle; ma potrà tale irrigazione esser più estesa e più durevole or da una parte or dall'altra, od anche da una parte mancar totalmente. E sul fondo della valle, che sarebbe il luogo più opportuno per boschi, si cercherebbe di mantenere l'umidità per il tempo più lungo che sia possibile. Così potrebbe anche nascere una zona permanente di vegetazione, sempre più o meno osservabile dai telescopi terrestri. In tal modo senza supporre cose miracolose e senza vagare all'impazzata nei campi dell'ignoto, con sobrio uso d'analogie e con plausibili deduzioni, possiamo spiegarci non solo la varia lunghezza e il vario aspetto sotto cui ci appaiono i così detti *canali*, cioè le valli coltivate di Marte; ma ancora dalle necessità pratiche della vita degl'ipotetici suoi abitanti possiamo dedurre e l'esistenza delle geminazioni, e la varia larghezza delle linee che le compongono, le mutazioni del loro intervallo. E si riesce a comprendere perchè le strisce, dette *canali*, qualche volta sembrano portarsi più verso destra, e qualche altra volta più verso sinistra, sempre conservando il medesimo orientamento.

Ammesse le linee principali del nostro quadro, non sarà difficile il compierlo nei particolari, e disegnare coll'immaginazione i grandiosi argini necessari per contenere nei giusti limiti l'inondazione boreale; i laghi o serbatoi secondari di distribuzione, necessari per dare le acque a quelle valli, che non fanno capo direttamente a quella inondazione; le opere occorrenti per regolare la distribuzione secondo il tempo e secondo il luogo; i canali di primo, secondo, terzo... ordine destinati a condurre le acque su tutto il terreno irrigabile; i numerosi opifici, a cui le acque potranno dar moto nel loro scendere dai ciglioni laterali della valle al fondo della medesima. Marte dev'esser certamente il paradiso degli idraulici!

E passando ad un ordine più elevato d'idee, interessante sarà ricercare qual forma d'ordinamento sociale sia più conveniente ad un tale stato di cose, quale abbiamo descritto; se l'intreccio, anzi la comunità d'interessi, onde son fra loro inevitabilmente legati gli abitanti d'ogni valle, non rendano qui assai più pratica e più opportuna, che sulla Terra non sia, l'istituzione del socialismo collettivo, formando di ciascuna valle e dei suoi abitanti qualche cosa di simile ad un colossale falanstero, per cui Marte potrebbe diventare anche il paradiso dei socialisti. Bello altresì sarà indagare, se sia meglio ordinar politicamente il pianeta in una gran federazione, di cui ogni valle costituisca uno stato indipendente, oppure se forse, a reggere quel grande organismo idraulico da cui dipende la vita di tutti, e a conciliare le diverse necessità delle diverse valli, non sia forse più opportuna la monarchia universale di Dante. Ed ancora si potrà discutere, a quale rigorosa logica dovrà essere subordinata la legislazione destinata a regolare un così grandioso, vario e complicato complesso d'affari: quali progressi debbano aver fatto colà la Matematica, la Meteorologia, la Fisica, l'Idraulica e l'arte delle costruzioni, per arrivare alla soluzione dei problemi estremamente difficili e varii, che si presentano ad ogni tratto. Qual singolare disciplina, concordia, osservanza delle leggi e dei diritti altrui debba regnare sopra un pianeta, dove la salute di ciascuno è così intimamente legata alla salute di tutti; dove son certamente sconosciuti i dissidii internazionali e le guerre: dove quella somma ingente di studio e di lavoro e di mezzi, che i pazzi abitanti d'un altro globo vicino consumano nel nuocersi reciprocamente, è tutta rivolta a combattere il comune nemico, cioè le difficoltà che l'avara Natura oppone ad ogni passo.

Di tutto questo, o caro lettore, lascio a te l'ulteriore considerazione. Io scendo dall'Ippogrifo; tu, se ti aggrada, puoi continuare la volata. *Messo t'ho innanzi, omai per te ti ciba.*

G. SCHIAPARELLI.

GIOVANNI V. SCHIAPARELLI

IL PIANETA MARTE

Estratto dalla rivista Natura ed Arte, Anno XIX, n° 1,1° dicembre 1909

Come suol fare a periodi alternati ora di 15 anni, ora di 17 anni, il pianeta Marte nell'autunno scorso passò ad una delle sue minori distanze da noi, avvicinandosi alla Terra fino a 47 milioni di chilometri, ed apparve luminoso e magnifico più che mai non sia stato dal 1877 a questa parto. A quella distanza, il globo di Marte, di cui il diametro arriva a circa 7600 chilometri, sottendeva nell'occhio dell'osservatore terrestre un angolo di 25". Sopra un tal globo ed a tale distanza si possono discernere, con telescopi di sufficiente potenza, le configurazioni topografiche del pianeta con un grado di minutezza e di precisione di cui si può avere un'idea dai qui annessi disegni. E reciprocamente, ad uno spettatore collocato in Marte non riuscirebbe troppo difficile distinguere sulla Terra particolarità del medesimo ordine di grandezza. L'esperienza dimostra, che con un istrumento di dimensioni affatto comuni, munito di una lente obbiettiva di 20 centimetri di diametro, una macchia luminosa su fondo oscuro (od oscura su fondo luminoso) si può distinguere senza troppa difficoltà in Marte alla sopradetta distanza di 47 milioni di chilometri, quando ad un discreto contrasto di colore essa congiunga un diametro reale uguale a 1/50 del diametro del pianeta, cioè a 153 chilometri. Epperciò, usando sufficiente diligenza, si potranno scoprire in Marte, con un obbiettivo della detta dimensione, tutte le isole non minori della Sicilia e tutti i laghi non minori del Ladoga, isole come l'Islanda e Ceylan; laghi come quello di Aral ed il Victoria Nyanza devono esser molto cospicui. Similmente una striscia luminosa su fondo più oscuro, secondo le fatte esperienze, dovrebbe essere ancora visibile quando la sua larghezza non fosse minore di 1/100 del diametro di Marte, cioè di 80 chilometri o giù di lì. Quindi lingue di Terra od isole oblunghe come la Jutlandia e Cuba e l'istmo centrale Americano; stretti di mare e laghi oblunghi come il Tanganyika, il Nyassa od il Mar Vermiglio di California dovrebbero esser visibili da un ipotetico abitante di Marte, che vi ponesse molta attenzione. Facilissimi dovrebbero essere per lui oggetti come l'Italia, l'Adriatico, il Mar Rosso, Sumatra e Nippon.

Tali sono press'a poco i limiti a cui può arrivare la visione dei particolari di Marte esaminato con una lente obbiettiva di 20 centimetri in quelle occasioni, in cui si trova alla minor possibile sua distanza da noi. Negli ultimi tempi tuttavia gli ottici hanno imparato a costruire lenti obbiettive di molto maggior potenza così per riguardo alla amplificazione, come per riguardo alla precisione delle immagini; quindi i limiti sovra accennati sono stati spesso oltrepassati, malgrado che le difficoltà di esatta costruzione crescano in misura assai maggiore che le dimensioni di questi telescopi giganti.

La superficie di Marte presenta un insieme di macchie diversamente colorate, che costituiscono un sistema topografico sotto certi rispetti analogo a ciò che si vede sulla terra, sotto altri invece molto differente. Marte ruota intorno ad un asse come la Terra, ed ai due poli si veggono per lo più brillare di luce vivissima due macchie bianche, le quali presentano vicende periodiche di grandezza, e alternamente crescono e diminuiscono secondo il ciclo delle stagioni, che per Marte è di 687 giorni, mentre per noi è un poco più di 365. Appena si può dubitare che tali macchie bianche polari siano immense estensioni di nevi o di ghiacci. Non sono esse da confondere con altre macchie di candore per lo più meno puro e meno intenso, che talvolta appajono qua e là in tutte le latitudini, prediligendo anche certe regioni della superficie, e che sono state interpretato talvolta come nuvole, o strati di nebbia o condensazioni simili alla nostra brina; si vedono or qua or là senza regola manifesta, e coprono talora vastissime estensioni.

[vedi figura 06.png]

Fuori di queste regioni bianche o biancastre la superficie del pianeta non è tutta di colore uniforme; nella maggior parte dei luoghi il fondo è formato da diverse gradazioni di rosso chiaro, o di aranciato o di giallo. Quello che rimane è occupato da vere macchie, in cui dominano colori di un tipo più scuro, diversi in diversa località, con intensità differente. Prevalgono il grigio, il bruno, qualche volta il nero, ma solo sopra linee o strisce di poca ampiezza. Spesso le aree coperte da colori differenti sono divise da una netta linea di separazione; ma non di raro accade che dall'un colore all'altro v'è un passaggio graduale, quello che si dice una sfumatura. Tutto l'insieme dà l'idea di un magnifico e ricco musaico di gemme sparse su fondo d'oro diversamente ombreggiato, che nessun pittore fino ad oggi ha saputo rappresentare nemmeno con lontana approssimazione. Le immagini di Marte che gli astronomi disegnano il meglio che sanno stando ai loro telescopi, oltre all'imitazione quasi sempre molto imperfetta della linea, per difficoltà che qui sarebbe lungo e inutile descrivere, non danno alcuna esatta idea dei colori. Ciò che si stampa nei libri sono figure assai imperfette, per lo più assai lontane dal vero, e trattate in semplice chiaroscuro: da esse altro non si può ricavare che un'idea approssimata della grandezza e della disposizione delle macchie più salienti, senza che dei colori si possa dedurne alcuna notizia. Nè bisogna immaginarsi di veder sempre in Marte le medesime cose; e che, messo il pianeta nel campo telescopico, ad altro non si debba pensare, che a far un _ritratto_somigliante più o meno a quello che si vede nel suo dischetto. Appena cominciato il suo lavoro, l'osservatore si avvede ben presto che le macchie, le linee e tutto il resto vanno cambiando d'aspetto lentamente, ma pur in modo sensibile in capo ad una mezz'ora; la scena dopo tre o quattro ore si trova intieramente diversa, nuove cose compajono mentre gli oggetti di prima o sono scomparsi, oppure se ancora si vedono, sono talmente cambiati di posto, e deformati nel loro contorno, da esser appena riconoscibili. Questa è una conseguenza della rotazione di Marte intorno al suo asse, la quale si compie in 24 ore e 40 minuti: ed è facile vedere quale imbarazzo nasca da questo fatto a chi debba rappresentare tante particolarità a misura d'occhio.

Considerando le cose in massa, si distinguono nella superficie di Marte le regioni di color più chiaro, le quali sono anche le più luminose; ad esse, in conformità di ciò che si usa anche per la Luna, si suole dare la qualificazione di _terre_o di *continenti*, mentre alle parti ombreggiate con tinte più oscure si assegna il nome, egualmente convenzionale, di _mari_e di *laghi*. Questi nomi non servono che per uso di classificazione non interamente rigorosa, essendovi (oltre alle bianche calotte polari) alcune regioni di carattere intermedio. Vi sono anche regioni di colore variabile, che sembrano appartenere ora all'una ora all'altra classe secondo la direzione in cui il Sole le illumina, o secondo la direzione in cui son vedute dall'osservatore, in dipendenza di cause per adesso ancora sconosciute. Tali variazioni possono farsi entro limiti estesissimi, che dal bianco puro possono andare sino al nero assoluto, passando per gradazioni diverse di rosso, di giallo, di grigio e di bruno. Di tali vicende alcune si ripetono ad ogni rotazione del pianeta con una certa regolarità, altre hanno un andamento parallelo alla stagione che domina nella località considerata del pianeta. Il quale è soggetto alle stesse varietà di riscaldamento e d'illuminazione che ha luogo nelle diverse regioni della Terra. Alcune di tali vicende d'aspetto sono in diretta connessione collo stato meteorologico e termico, ed è possibile che vi si rendano in qualche modo visibili a noi i diversi stadi di un ciclo vegetativo, secondo un'ipotesi abbastanza probabile, studiata e propugnata principalmente dall'astronomo americano Lowell. Ma l'osservazione prolungata per molti anni ha fatto riconoscere un'altra classe di fenomeni che non sembrano dipendere dal periodo delle stagioni, e potrebbero anche essere irregolari. In certe località un dato aspetto di cose che sembrava permanente, viene a mutarsi d'un tratto per intervalli, dà luogo ad altre combinazioni, che scompajono alla loro volta, per dar luogo ad un rinnovamento più o meno esatto del primitivo stato di cose; tutto questo saltuariamente ed in modo che si potrebbe dire accidentale.

[vedi figura 07.png]

La carta annessa può dare un'idea approssimata del modo con cui sono distribuite le macchie principali di Marte e la loro disposizione rispetto ai poli ed all'equatore del pianeta. Essa è divisa in due emisferi al modo dei mappamondi ordinari, in maniera però da collocare in alto il polo australe ed in basso il polo boreale; ciò per render più facile la comparazione con quello che si vede nel telescopio astronomico. In questo, infatti, che rovescia le immagini degli oggetti, suole il polo nord apparire nelle parti inferiori del disco, e il polo sud nelle parti superiori[17]. La figura è di carattere schematico, come accade nelle nostre carte geografiche; essa non ha per iscopo di dare una _pittura_imitante l'aspetto del pianeta come se si volesse farne un ritratto, ma serve soltanto a facilitarne l'esposizione descrittiva. Astraendo dalle regioni polari, le quali sono sempre o quasi sempre occupate dal bianco polare, si vede subito che le aree più o meno ombreggiate, dette *mari*, occupano forse un terzo della superficie intiera di Marte, e sono divise in due parti o gruppi molto disuguali. In basso abbiamo il *Mar Boreo*, che circonda quasi da ogni parte il polo nord, e da una parte si avvicina all'equatore fin quasi al parallelo 40°. In alto abbiamo il _Mare Australe_che è molto più vasto e spinge entro le aree continentali una gran quantità di ramificazioni denominate sulla carta coi nomi di *Gran Sirte, Mare Eritreo, Golfo delle Perle, Mare Cimmerio, Mare Tirreno, Lago del Sole,* ecc. Fra quei due mari _Boreo_ed _Australe_si stende la zona continentale, sparsa qua e là di linee e di macchie più oscure. Entro i due grandi mari poi sono sparse regioni che si mostrano come grandi isole o penisole, quali_Hesperia, Atlantis, Hellas, Argyre, Baltià, Nerigos_, colorate in giallo per lo più, ma non in modo permanente; talora impallidiscono, ed anche si oscurano e prendono il colore grigiastro o bruno delle macchie propriamente dette; solo mostrano questo colore con minor intensità. Già verso la metà del secolo passato molti particolari di questa topografia areografica erano stati esplorati o disegnati da abili osservatori, quali Secchi, Dawes, Kaiser, Maedler, Lockyer, ed alcuno di essi aveva anche intraveduto qua e là curiose configurazioni di macchiette o di linee: ma non erano riusciti ad afferrarne con evidenza la forma. Soltanto nel 1877, trovandosi il pianeta in una delle sue maggiori vicinanze alla Terra (in posizione poco diversa da quella occupata nell'autunno ora decorso), si ebbe l'opportunità di studiare in buone condizioni e con maggior successo quei particolari prima confusamente intraveduti e di convincersi che tutta la superficie di Marte, ma più specialmente le aree luminose continentali, sono occupate da un reticolato di linee sottili, formanti una specie di triangolazione o di poligonazione, come si può vedere nella carta qui annessa. Queste linee sono tracciate sulla superficie del pianeta o forse entro la sua atmosfera; ognuna d'esse corre per lunghissimi tratti, serbando per lo più una direzione costante senza angoli nè curvature violente, formando anzi (rigorosamente o almeno prossimamente) sul globo di Marte ciò che i geometri chiamano un circolo massimo. Il loro corso appare continuo, senza lacune apprezzabili alla visione telescopica, e si estende da pochi gradi (un grado di Marte equivale press'a poco a 60 dei nostri chilometri), fino ad occupare talvolta in lunghezza un terzo od un quarto della circonferenza totale del pianeta (la quale è di 21.600 chilometri). La larghezza è molto varia; per alcuni giunge a 100 o 200 chilometri, altri ad alcune decine di chilometri, per alcuni più sottili e più difficili a vedere la larghezza non supera che alcune unità della stessa misura. Perciò assai diversa è la facilità con cui si possono riconoscere e figurare con disegno; e bisogna aggiungere, che questa facilità è molto variabile secondo il tempo e sembra dipendere in molti casi dalla stagione che domina lungo il loro corso. Spesso si vede qualcuno di essi traversare una delle nevi polari, formando una traccia nerissima, che ha tutto l'aspetto di una spaccatura di esse nevi. Queste linee sono i così detti_canali_di Marte, così denominati per pura convenzione analoga a quella per cui alle grandi macchie si è dato il nome di _mari_e di *continenti*. Ma della loro natura finora poco o niente si è potuto accertare. Il nome di _canali_però e la regolarità loro apparente ha indotto molti uomini di calda fantasia a ravvisare in essi opere artificiali giganteche di esseri intelligenti; ipotesi questa che per ora non è ancora stato possibile dimostrare che sia vera o falsa. Gli spiriti scettici hanno poi facilmente troncato la questione, negando a queste formazioni ogni esistenza obbiettiva, e dichiarandole come fantasmi creati dall'immaginazione sulla base di visione confusa ed imperfetta.

[vedi figura 08.png]

Quando un canale è collocato in modo da attraversare il disco di Marte nel suo centro, appare come una linea retta formante un diametro. Ma girando il pianeta intorno al suo asse, in capo ad una o più ore, il canale si presenta in prospettiva molto diversa, e s'incurva tanto più fortemente in apparenza, quanto più è distante dal centro. Queste variazioni di forma e di curvatura apparente si possono spiegare esattamente secondo lo regole della prospettiva facendo l'ipotesi, che i canali siano aderenti alla superficie del pianeta, o almeno pochissimo distanti; la concordanza è tale, che di quell'ipotesi nessuno può dubitare. Questo fatto, che è stato verificato centinaja e migliaja di volte, basta da solo a dissipare qualunque dubbio potesse nascere intorno alla realtà dei canali, e non lascia luogo a parlar d'illusioni ottiche.

Tutti i canali hanno la proprietà di correre da un mare ad un altro, o dal mare ad un lago o fra due laghi, o finalmente da un canale ad un altro. Non si ha esempio di un canale, di cui un'estremità sia libera e termini isolata nello spazio continentale che la circonda, senza connettersi da qualche parte con un mare, o con un lago, o con un canale o con un gruppo d'intersezione di più canali. Anzi tutte lo estremità dei canali là dove terminano in uno dei mari o dei laghi, sogliono esser molto ben definite e spesso sono segnate da una macchia oscura, che in molti casi presenta l'aspetto di una larga foce in forma di tromba, per cui l'ipotetico canale potrebbe dirsi sboccare nell'ipotetico mare vicino, o nell'ipotetico lago vicino. E similmente quando due canali s'incontrano, spesso nella loro intersezione si vede una piccola macchia oscura, per lo più di aspetto rotondeggiante e di diametro non molto superiore alla larghezza dei canali medesimi. Simili macchiette sono denominate *fonti*, per analogia col resto della nomenclatura. Il loro numero è assai variabile, in alcuni anni se ne videro non più di due o tre, in altri anni più decine e sembrano trovarsi frequenti in certe regioni del pianeta a preferenza di certe altre. Nel 1907 la fotografia ne ha rivelato un gran numero di nuovi, mentre altri prima evidenti cessarono di esser visibili. Quando un canale ne incontra parecchi altri, avviene qualche volta che nelle sue intersezioni con questi si vedono lungh'esso allineati molti di questi punti oscuri, i quali formano una serie bene ordinata, come perle infilzate in un filo. È da credere, che tutte queste fonti o piccole macchie rotondeggianti siano ciascuna il risultato dell'incontro di due canali; ma ciò non risulta con evidenza dall'osservazione, essendo frequenti i casi in cui essi appajono isolati affatto nel mezzo dei continenti senza alcuna connessione. Ma è probabile che la connessione esista e si faccia per canali troppo sottili per esser veduti coi nostri attuali telescopi.

In parecchi luoghi della superficie dei continenti, i canali s'incontrano tre o quattro o più insieme formando piccolo poligonazioni e dando luogo ad un insieme di macchie più complicate. Nascono allora macchie oscure per lo più irregolari del diametro di più centinaja di chilometri, e si vedono sulla carta designati con nomi speciali, come Lago del Sole, Trivio di Caronte, Propontide, ecc. Sono di forma più o meno regolare, secondo che i canali da cui sono formati concorrono più o meno esattamente in un medesimo punto. Questi laghi sono anch'essi molto variabili di colore, di forma e di estensione; talvolta scompajono affatto, o si dividono in più parti, e presentano fenomeni singolarissimi.

[vedi figura 09.png]

Ma riguardo ai canali e ai laghi il fenomeno più generale e più notabile, e che nel mondo degli scettici ha provocato il maggiore scandalo è quello assai frequente del loro sdoppiarsi, quando formano ciò che si chiama geminazione. Un canale che prima appariva come linea schiettamente semplice, d'un tratto si trasforma in un sistema di due linee, quasi sempre uguali e parallele fra di loro. L'intervallo fra le due linee è diverso da un caso all'altro, come pure la sua proporzione alla grossezza delle linee stesse. Anche queste geminazioni sono variabili col tempo. Non solo sembra esser diverso in diversi tempi l'intervallo fra le due linee, ma la visibilità di essa è soggetta a vicende, di cui non è ancora stato possibile scoprire la norma. Talvolta una linea diventa più debole dell'altra e finisce per sparire, l'altra rimanendo immutata e visibile come canale isolato. I fenomeni che accompagnano la formazione delle geminazioni non si sono ancora potuti completamente studiare; ma la durata del processo non è mai molto lunga; le geminazioni compajono tali da un giorno all'altro, durano qualche giorno o qualche settimana, poi si riducono di nuovo a canali semplici, od anche entrambi i loro canali scompajono affatto. La loro apparizione succede in diverse epoche con diversa frequenza; talora mancano affatto o sono in piccol numero, in altre epoche il pianeta ne è quasi tutto occupato, ed in certe occasioni se ne son viste fino a 30 simultaneamente. Esse mancarono affatto nel 1877: frequentissime invece si mostrarono nel 1882, nel 1888 ed in altre epoche. Nell'apparizione dell'autunno passato (per quanto risulta dalle notizie fino ad oggi pubblicate) esse non sono mancate, ma non sembra fossero molto abbondanti. Un certo numero se ne trova pure nelle splendide fotografie di Marte, che il professor Lowell ottenne durante l'apparizione del 1907.

[vedi figura 10.png]

Di tutti i svariati e complicati fenomeni di Marte quello delle geminazioni è il più singolare ed anche, a quanto sembra, il più difficile a interpretare. Ad esso correlativo, e quasi contrapposto è un altro, l'apparizione e disparizione dei *ponti*. Sono striscie luminose, regolari, rettilinee ed uniformi, che di quando in quando compajono attraverso dei mari e dei laghi, formando di essi una separazione completa. Il più facile e più visibile di tutti è quello designato sulla carta col nome di *Ponte di Achille*, che rassomiglia ad un argine o una diga posta fra il _Lago Niliaco_e quella parte del Mar Boreo che è distinta col nome di *Golfo Acidalio*. Il Ponte d'Achille è largo forse 200 chilometri e lungo poco meno di 1000. È quasi permanente, ma talvolta si vede interrotto più o meno completamente, come è avvenuto nel 1888. Un altro ponte divide in due parti quasi uguali il Lago del Sole, ma non è sempre visibile: esso è apparso nel 1890 ed ultimamente nel 1907. Queste zone luminose in campo oscuro sembrano aver qualche relazione con le zone luminose, che nelle geminazioni separano l'una dall'altra le due linee oscure che costituiscono la geminazione.

[vedi figura 11.png]

Lo studio di tutti questi enigmi è appena cominciato; nulla ancora vi ha di certo sui principi a cui si dovrà appoggiare una razionale interpretazione dei medesimi. Tutto dipenderà dai progressi che farà nei prossimi anni la rappresentazione fotografica di Marte. La questione farà un gran passo quando si otterranno fotografie tali, che sopra di esso sia possibile prendere misure precise.

Un altro passo importante è stato fatto dal signor Lowell, inaugurando lo studio spettroscopico dell'atmosfera di Marte[18]. Egli dimostrò che quest'atmosfera comprende, fra i suoi componenti il vapor d'acqua e l'ossigeno. Con queste scoperte egli ha trovato un importante argomento in favore dell'ipotesi da lui con molto ingegno e con gran copia di osservazioni sostenuta, che Marte sia pur sede della vita, come la Terra; e che i fenomeni di variazione osservati sul pianeta sian dovuti principalmente alla vegetazione razionalmente governata da esseri intelligenti.

Giovanni Schiaparelli

NOTE:

[1 SECCHI. Lezioni di fisica terrestre, p. 214-216.]

[2 Leggansi particolarmente: La Pluralité des Mondes Habités: Les mondes imaginaires et les Mondes rèels: Rècits de l'Infini: Les Terres du Ciel: Contemplations Scientifiques.]

[3 La carta lunare di Schmidt, fatta con telescopi di 10 a 15 centimetri, ha due metri di diametro ed in essa son figurati nientemeno che 32.856 crateri.]

[4 Parola che significa descrizione di Marte ed è derivata dal nome greco di questo pianeta. Ares, come dal nome greco della Terra è derivato il nome della Geografia.]

[5 Una storia completa di tutte le osservazioni fisiche e topografiche fatte su Marte dalla meta del Secolo XVII fino al 1892 si ha nell'opera di Flammarion intitolata: La Planète Mars et ses conditions de habitabilité: synthèse générale de toutes let observations, climatologie, météorologie, aréographie, continents, mers et rivages, eaux et neiges, saisons et variations observées: illustré de 580 dessins télescopiques, et 23 cartes. Paris 1892. 600 pag. in grande 8°.]

[6 Il suo diametro sta a quello della terra in rapporto prossimamente di uno a due, o più esattamente di 11:21. Un grado geografico, che sul globo della terra rappresenta 60 miglia di 1852 metri ciascuno, sul globo di Marte rappresenta quasi esattamente 60 chilometri.]

[7 Secondo in ordine di grandezza è il telescopio che con esempio degno d'imitazione il Dott. V. Cerulli eresse l'anno scorso a proprie spese nel suo osservatorio privato di Colle Urania presso Teramo (Abruzzi); il diametro della lente obbiettiva e di 40 centimetri.]

[8 Riferendoci tanto per Marte, che par la Terra, all'emisfero boreale, abbiamo le seguenti durate esatte delle stagioni in giorni terrestri:

Primavera Estate Autunno Inverno
Per la Terra giorni 93 93 90 89
Per Marte 199 182 146 160

L'illuminazione del polo boreale di Marte dura quindi continua per 381 giorni; quella del polo australe per 306 giorni; delle notti accade l'inverso.

[9 Son fatte queste carte secondo le solite convenzioni dei mappamondi in due emisferi, usando la proiezione detta omalografica. Presentano il pianeta invertito, come si vede nei cannocchiali astronomici; per tal ragione vedesi in basso il polo Nord, in alto il polo Sud. Coll'inversione del foglio si ottiene la consueta orientazione convenzionale delle carte terrestri.]

[10 Questa osservazione del colore oscuro che mostran le acque profonde vedute dall'alto in basso, si trova già fatta dal primo pittar delle memorie antiche, il quale nell'Iliade (versi 770-71 del libro V) descrive "la sentinella che dall'alta vedetta stende lo sguardo sopra il mare color del vino, [oínopa pónton]" Nella versione del Monti l'aggettivo indicante il colore è andato perduto.]

[11 La continua variabilità dei minuti particolari fa sì che una carta di Marte non può mai esser altro che una rappresentazione convenzionale o schematica della superficie del pianeta. Per aver un'idea esatta del suo aspetto fisico, quale si presenta nei telescopi, bisogna ricorrere ai disegni, dei quali molte centinaia si trovano raccolte nell'opera del Flammarion La Planete Mars. Un esempio ne dà la figura della pagina precedente, la quale è stata disegnata col grande telescopio di Brera nella sera del 15 settembre 1892. L'immagine è rovesciata, quale nel campo telescopico appariva. Il disco di Marte allora non era più rotondo, ma alquanto deficiente a cagione della non diretta illuminazione del Sole; rassomigliava alla Luna due giorni prima del plenilunio. Comparando il disegno colla carta è facile riconoscere in quello la costa molto accidentata del Mare Eritreo, che corre press'a poco lungo l'equatore del pianeta. Molto evidente è il doppio corno del Golfo Sabeo, e a destra di esso il Golfo delle Perle. Il continente al di sotto dobbiamo immaginarlo giallo brillante, lo si vede solcato da parecchi canali, nei quali non sarà difficile ravvisare il Phison, l'Eufrate, l'Oronte, il Gehon, l'Indo, l'Idaspe e la Iamuna. L'Eufrate dava sospetto di esser duplicato. In alto del disco il Mare Eritreo e il Mare Australe appaiono divisi da una gran penisola curvata a guisa di falce, prodotta da una insolita appariscenza della regione detta di Deucalione, la quale si allungò quest'anno fino a raggiungere le isole Noachide ed Argyre, formando con queste un tutto continuato, con deboli traccio di separazione, sulla lunghezza di quasi 6000 chilometri. Il suo colore, molto meno brillante che quello dei continenti, era un misto del giallo di questi col bruno grigio dei mari contigui. In alto l'ovale chiara deve immaginarsi del bianco più splendido e più puro: rappresenta la calotta delle nevi australi, ridotta alla forma ellittica dallo scorcio della prospettiva, molto obliqua in quel luogo. Perchè non bisogna mai dimenticare che davanti a noi abbiamo, sotto forma d'un disco, la curvatura d'un emisfero.]

[12 Notisi che in questa carta il pianeta si presenta rovesciato, quale si vede nei telescopi astronomici usuali: quindi il polo artico è in basso, l'antartico in alto rispetto a chi legge le indicazioni delle carte stesse.]

[13 Sulla totale (o quasi totale) assenza di nuvole e pioggie in Marte veggasi quanto ho scritto nel mio articolo precedente (Natura ed Arte 1 e 15 febbraio 1893). L'anno scorso è riuscito al signor Douglas, astronomo americano, di studiare e di misurare alcune nuvole di questo pianeta. Una di esse, osservata il 25 e il 26 novembre 1894, era larga 150 chilometri circa o lungo 230; la sua altezza sul suolo del pianeta fu trovata esser più di 25 chilometri; essa sembrava muoversi con una velocità di circa 20 chilometri all'ora. Sulla Terra le nuvole bianche a strisce e frange, chiamate cirri, le quali sembrano aver molta analogia colla nuvole di Marte, non sogliono elevarsi a più di 6 od 8 chilometri dal livello del suolo.]

[14 Una striscia oscura della superficie di Marte non può esser osservabile coi presenti nostri telescopi, se non ha almeno 30 o 40 chilometri di larghezza.]

[15 L'intensità della gravità alla superficie di Marte è minore nel rapporto di 3 ad 8 di quella che ha luogo alla superficie della Terra. Quindi quel peso, che noi chiamiamo di 8 chilogrammi, potrebbe esser sostenuto in Marte da quel tanto di forza muscolare, che a noi occorre per sostenere 3 chilogrammi.]

[16 Quest'ultimo canale è capace d'irrigare sopra tutta la sua lunghezza (che è di 500 chilometri) una zona di terreno larga 35 chilometri. Più non si richiede per i canali qui sopra descritti.]

[17 Questo vale per gli osservatorii collocati nei climi più settentrionali della Terra. Per gli osservatorii dei paesi australi saccede l'opposto: il polo boreale appare in alto del disco, il polo australe in basso.]

[18 Il Lettore che vorrà esser pienamente informato di tutto quello che è stato osservato nel pianeta Marte e vorrà interessarsi alle speculazioni ed alle discussioni ardenti cui ha dato luogo la natura fisica del pianeta, e la possibilità che esso sia sede di vita organica, anzi anche di esseri intelligenti, troverà di che soddisfarsi nella grande opera di Flammarion, La Planète Mars, di cui non già usciti due volumi e di cui si promette la continuazione: essa formerà col tempo una serie di annali del pianeta. Può inoltre consultare: Lowell, Mars and its canal, Nuova York, 1906; Morse, Mars and its mystery, Boston, 1906; Lowell, Mars the abode of life. Nuova York, 1908.]

www.ingramcontent.com/pod-product-compliance
Lightning Source LLC
Chambersburg PA
CBHW030455220526
45464CB00006B/2543